U0262638

环境污染与健康风险研究丛书

总主编 施小明

环境健康风险研究：方法与应用

李湉湉 杜艳君 班 婕 王 情 孙庆华 等 著

科学出版社

北 京

内 容 简 介

本书梳理了环境健康风险研究的主要进展，围绕环境健康风险研究这一主线，从环境健康监测、环境健康风险评估、环境因素归因疾病负担评估、环境健康风险预测和环境健康风险交流 5 个部分，介绍了先进的环境健康风险研究方法，同时结合研究案例展现我国环境健康风险研究前沿成果，有助于读者了解如何应用环境健康风险研究方法解决我国的环境健康问题。

本书可供环境健康风险研究领域的科研人员和高等院校师生参考使用，也对相关领域的管理者和决策者有重要参考意义。

审图号：GS（2021）8753 号

图书在版编目（CIP）数据

环境健康风险研究：方法与应用 / 李湉湉等著. —北京：科学出版社，2022.12

（环境污染与健康风险研究丛书 / 施小明总主编）
ISBN 978-7-03-074104-2

Ⅰ. ①环… Ⅱ. ①李… Ⅲ. ①环境污染–环境监测–研究 Ⅳ. ①X83

中国版本图书馆CIP数据核字（2022）第231176号

责任编辑：郭允允　白　丹 / 责任校对：刘　芳
责任印制：吴兆东 / 封面设计：吴朝洪

科 学 出 版 社 出版
北京东黄城根北街 16 号
邮政编码：100717
http://www.sciencep.com

北京建宏印刷有限公司 印刷
科学出版社发行　各地新华书店经销
*

2022 年 12 月第 一 版　　开本：720×1000 1/16
2022 年 12 月第一次印刷　　印张：12 1/4
字数：250 000

定价：108.00 元
（如有印装质量问题，我社负责调换）

"环境污染与健康风险研究丛书" 编委会

总主编 施小明

副主编 徐东群　姚孝元　李湉湉

编　委（按姓氏笔画排序）

王　秦　方建龙　吕跃斌　朱　英

杜　鹏　李湉湉　张　岚　赵　峰

施小明　姚孝元　徐东群　唐　宋

曹兆进

《环境健康风险研究：方法与应用》作者名单

主要作者　李湉湉　杜艳君　班　婕

　　　　　　王　情　孙庆华

其他作者　（按姓氏笔画排序）

　　　　　　牛计伟　张　翼　张迎建

　　　　　　陈　晨　赵　靓　崔亮亮

丛 书 序

随着我国经济的快速发展与居民健康意识的逐步提高，环境健康问题日益凸显且备受关注。定量评估环境污染的人群健康风险，进而采取行之有效的干预防护措施，已成为我国环境与健康领域亟待解决的重要科技问题。我国颁布的《中华人民共和国环境保护法》（2014 年修订）首次提出国家建立健全环境健康监测、调查和风险评估制度，在立法的层面上凸显了环境健康工作的重要性，后续发布的《"健康中国 2030"规划纲要》、《健康中国行动（2019—2030 年）》和《中共中央 国务院关于全面加强生态环境保护 坚决打好污染防治攻坚战的意见》等，均提出要加强环境健康风险评估制度建设，充分体现了在全国开展环境健康工作的必要性。

党的十八大以来，在习近平生态文明思想科学指引下，我国以前所未有的力度推动"健康中国"和"美丽中国"建设。在此背景下，卫生健康、生态环境、气象、农业等部门组织开展了多项全国性的重要环境健康工作和科学研究，初步建成了重大环境健康监测体系，推进了环境健康前沿领域技术方法建立，实施了针对我国重点环境健康问题的专项调查，制修订了一批环境健康领域重要标准。

"环境污染与健康风险研究丛书"是"十三五"国家重点研发计划"大气污染成因与控制技术研究"重点专项、大气重污染成因与治理攻关项目（俗称总理基金项目）、国家自然科学基金项目等支持带动下的重要科研攻关成果总结，还包括一些重要的技术方法和标准修订工作的重要成果，以及全国环境健康业务工作如空气污染、气候变化、生物监测、环境健康风险评估等关注的重要内容。本丛书系统梳理了我国环境健康领域的最新成果、方法和案例，围绕开展环境健康研究的方法，通过研究案例展现我国环境健康风险研究前沿成果，同时对环境健康研究方法在解决我国环境健康问题中的应用进行介绍，具有重要的学术价值。

希望通过本丛书的出版，推动"十三五"重要研究成果在更大的范围内共享，为相关政策、标准、规范的制定提供权威的参考资料，为我国建立健全环境健康监测、调查与风险评估制度提供有益的科学支撑，为广大卫生健康系统、大专院校和科研机构工作者提供理论和实践参考。

作为国家重点研发计划、大气重污染成因与治理攻关以及国家自然科学基金等重大科研项目的重要研究成果集群，本丛书的出版是多方合作、协同努力的结果。最后，感谢科技部、国家自然科学基金委员会、国家卫生健康委员会等单位的大力支持。感谢所有参与专著编写的单位及工作人员的辛勤付出。

"环境污染与健康风险研究丛书"编委会

2022 年 9 月

序

      党中央、国务院高度重视环境健康工作，特别是党的十八大以来，从国家发展全局对推进环境健康工作做出系列重要部署。多项重要法律和政策文件中均强调要"建立健全环境与健康监测、调查和风险评估制度"，将落实开展环境健康风险评估提升至法律法规与国家规划的战略地位。2022 年 10 月 16 日习近平总书记在二十大报告中提出，要"深入推进环境污染防治。坚持精准治污、科学治污、依法治污，持续深入打好蓝天、碧水、净土保卫战"，要"推进健康中国建设"，"把保障人民健康放在优先发展的战略位置，完善人民健康促进政策"。开展环境健康风险监测、评估、预警和交流，是落实二十大报告精神的重要体现。

      近二十年来，我国经济高速发展所带来的环境健康问题日益凸显，建设健康环境已成为不断实现人民对美好生活向往的重要一环，新的形势和任务对环境健康风险研究提出了新的更高要求。为了推动风险评估科学方法在我国环境危险因素疾病预防控制中的有效应用，中国疾病预防控制中心环境与健康相关产品安全所于 2012 年 11 月成立了环境健康风险评估室。十年来，环境健康风险评估室研究团队与地方疾病预防控制中心、国内外高等院校、科研机构等紧密合作，围绕环境健康风险研究和业务工作中的重点问题开展了有益的探索，特别是在环境健康大数据的整合与应用、环境健康风险评估与预测、基于环境健康风险预警与交流的公众健康服务应用等方面取得了一系列创新成果。团队的研究成果和工作经验对于我国环境健康风险研究与实践具有非常宝贵的借鉴意义。

      《环境健康风险研究：方法与应用》一书凝结了环境健康风险评估室研究团队十年来的研究成果与实践经验，贯穿了对环境健康风险研究的深入思考。该书提出了"环境健康风险全链条"研究理念，对环境健康风险研究体系进行了系统梳理，形成了对环境健康风险的全局认知。各章节设置围绕全链条的风险监测、风险评估、风险预测、风险交流等关键环节展开。各部分均涵盖国内外研究进展的综述、相关研究方法的介绍，并设置实际应用案例加深读者对研究方法的理解。相信该书的出版能够对读者了解和开展环境健康风险研究有所帮助，为我国环境健康事业的发展起到促进作用。

吴永宁

国家食品安全风险评估中心　技术总师

2022 年 11 月

前　言

我国环境健康问题日益凸显，成为政府和公众高度关注的热点问题。《"健康中国2030"规划纲要》中明确提出要"建设健康环境"，加强对影响健康的环境问题的治理。2020年9月，习近平总书记在科学家座谈会上提出"坚持面向世界科技前沿、面向经济主战场、面向国家重大需求、面向人民生命健康"，这成为引领国家科技事业发展的新方针。科学地监测、评估和预测环境危险因素造成的人群健康风险，并进行精准的风险交流和干预，是降低环境健康危害的重要手段，对于提高人民健康水平、促进健康中国与美丽中国建设具有重要意义。

为了帮助相关专业科技工作者深入了解环境健康风险研究方法，作者团队撰写了《环境健康风险研究：方法与应用》一书。本书在梳理国内外学科前沿进展的基础上，总结团队十年来在环境健康风险研究领域取得的科研成果和业务工作经验，凝练了从环境健康监测到环境健康风险评估、风险预测和风险交流的全链条研究方法体系。本书共分为7章：绪论、环境健康监测、环境健康风险评估、环境因素归因疾病负担评估、环境健康风险预测、环境健康风险交流和展望。作者团队力求展现环境健康风险研究的前沿思想理论和技术方法，在此基础上设置了相应的具体研究案例，以促进技术方法的理解与实践应用。最后本书归纳了目前我国环境健康风险研究中存在的问题与不足，并基于国家重大需求和政策发展趋势，以及国内外的热点环境健康问题，展望了环境健康风险研究的未来发展方向。

本书作为"环境污染与健康风险研究丛书"的分册，是国家自然科学基金重大研究计划项目"大气细颗粒物的毒理与健康效应"、国家重点研发计划重点专项"大气污染成因与控制技术研究"、大气重污染成因与治理攻关项目、国家卫生健康委员会行业专项等科研项目，以及中国环境健康综合监测、全国环境健康风险评估试点、空气污染对人群健康影响监测与防护等全国环境健康业务工作重要研究成果的总结。在写作过程中得到了中国疾病预防控制中心环境与健康相关产品安全所（简称环境所）领导和环境健康风险评估室同仁的支持，在此表示感谢。尤其要感谢环境所所长施小明研究员的指导与支持，感谢刘园园、方建龙、王彦文、马润美、董皓冉等同事，曹静、杜航、冯达、郭日、黄强、姜宁、江崎正、李耀玲、刘安、刘宜婷、孙悦、王铭昊、王蛟男、王文韬、许怀悦、杨宇星、岳帅、臧加伟、张文静、张盈盈、郑泽华、朱欢欢等同学（按照姓氏汉语拼音排列，排名不分先后）的协助。

　　本书可为卫生健康系统、生态环境系统的广大工作者以及相关领域的大专院校和科研机构的研究人员提供理论和实践参考。期望本书能够帮助读者了解环境健康风险研究理论和前沿进展，掌握从环境健康监测、风险评估、风险预测到风险交流等环境健康风险全链条研究方法，推动开展环境健康风险研究、疾病预防控制与环境风险管理工作，支持健康环境建设，从而在有效保护公众健康方面起到积极的作用。由于作者水平有限，加之该领域发展日新月异，本书不足之处在所难免，恳请广大读者批评指正。

作　者

2022 年 11 月

目　录

第1章 绪 论

环境健康风险研究萌芽于 20 世纪 40 年代，自 20 世纪 80 年代开始蓬勃发展。1983 年美国国家科学院颁布了题为《联邦政府风险评估：管理过程》（*Risk Assessment in the Federal Government: Managing the Process*）的报告，提出了人群健康风险评估的经典"四步法"模型，奠定了环境健康风险评估方法体系的科学基础。随后，包括美国环境保护局（Environmental Protection Agency，EPA）在内的许多国际机构与组织也相继颁布了各自的规范、准则，使环境健康风险评估技术迅速发展，并在世界范围内得到广泛的应用。然而受当时技术方法的限制，环境健康风险研究只局限于环境健康风险评估这一单一环节。进入 21 世纪后，互联网与计算机技术、环境检测与监测技术、数据清洗与整合技术等的发展与融合，充分提升了环境健康监测手段。美国、英国、中国等先后建立了环境健康综合监测系统，通过多机构合作积累了丰富的环境健康数据资源，逐步突破数据孤岛，为环境健康风险研究的进一步发展提供了重要的基础数据保障。与此同时，地理信息技术、生物统计技术、模型模拟技术、信息传播技术等迅速发展，多学科技术方法和多源数据逐步融通，突破传统环境健康研究方法技术壁垒，为环境健康风险研究进一步发展提供了重要的技术方法保障。

在这一发展契机下，作者团队整合多学科技术方法，探索将其应用于环境健康风险研究，从研究实践中提炼出了"环境健康风险全链条"研究理念，即通过有机链接环境健康风险监测—评估—预测—交流等重要环节，系统地研究各类环境危险因素暴露相关的人群健康风险水平及演变趋势，为制定环境污染控制政策、采取人群健康风险防控措施提供科学依据（图 1-1）。借此进一步拓展了环境健康风险研究的概念范畴。其中，环境健康监测旨在监测各类环境危险因素、健康指标的时空变化趋势，为环境健康风险评估、预测、交流等研究提供重要数据支撑；环境健康风险评估和环境健康风险预测旨在评估环境健康风险的历史与现状、预测环境健康风险的未来特征，科学支撑环境污染控制和人群健康风险防控政策的制定和规划；环境健康风险交流旨在就上述环境健康风险信息与政府和公众等开展交流，有效促进环境污染控制和健康风险防控政策的实施。环境健康风险全链条研究理念，契合新的发展时期下科学精准防控环境危险因素人群健康风险的国家需求，突出了大数据、风险预测、风险交流在环境健康风险防控中的重要作用，为有效降低环境危险因素、人群健康风险提供了系统化的解决方案。

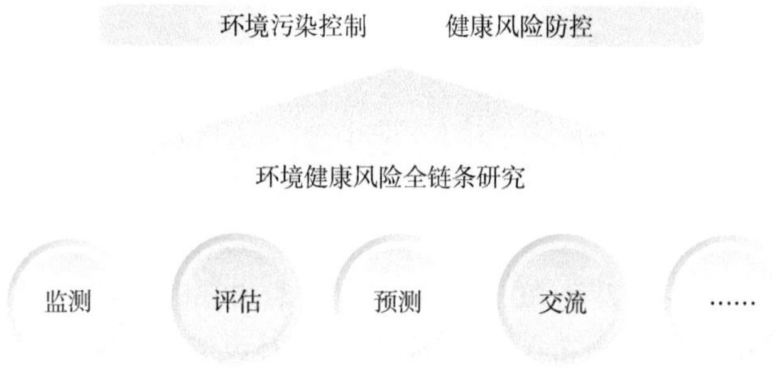

环境污染控制　　健康风险防控

环境健康风险全链条研究

监测　　评估　　预测　　交流　　……

图 1-1　环境健康风险全链条研究

第 2 章 环境健康监测

2.1 环境健康监测研究进展

2.1.1 国际环境健康监测体系

世界卫生组织（World Health Organization，WHO）在《环境健康指标：框架与方法》（*Environmental Health Indicators*：*Framework and Methodologies*）报告中指出，监测不同地区相同环境健康指标的变化趋势，有利于识别潜在的健康风险，并为制定相应的环境健康预防政策提供依据。随着全球环境健康问题的日益凸显，开展环境健康监测体系建设成为各国公共卫生的重要任务之一。

20 世纪 70 年代国际社会就开始重视环境与健康的大规模数据监测体系建设。1988 年，美国食品药品监督管理局发布了一项公共卫生数据系统，但是该数据系统并不完善，仅关注了公共卫生相关数据，并没有将环境与健康相联系。1998 年，基于互联网技术的发展和普及，美国国防部建立了传染病监测和响应系统，实现对传染性疾病的实时动态监测。但是以上这些健康数据监测系统仅服务于公共卫生机构。而伴随环境健康问题的层出不穷，大量的科学研究和环境健康管理因缺乏综合环境健康数据而受限。在这个阶段，WHO 以及很多发达国家都开始设想建立环境与健康综合监测项目，通过同时开展环境因素与健康因素监测，提高建立环境与健康关联的可能性，从而为厘清环境健康影响和更好地保护人群健康奠定基础，尤其是美国投入了较大的资金支持（Gray and Schornack，2002）。美国是世界上第一个建立环境健康综合监测的国家，2000 年美国环境健康委员会指明了美国环境健康领域中环境与公共卫生间存在的空白（The Pew Environmental Health Commission，2000）；美国疾病预防控制中心（Centers for Disease Control and Prevention，CDC）应此需求，联合州与地方多个健康机构、学术机构、政府组织等（Strosnider et al.，2014），共同提出了国家环境健康追踪项目（National Environmental Public Health Tracking，NEPHT）的发展计划。2002 年美国环境健康委员会设立基金支持该项目的持续推进，该数据监测体系也逐步得到完善与健全，最终形成了覆盖美国 25 个州以及纽约市的监测网络（U.S. CDC，2015）。美国国家环境健康追踪项目主要追踪环境危害与暴露、相关人群疾病以及人群基本信息三个重要方面的数据，通过国家与地区层面的多机构合作，获取丰富的数据源，进而采用现场监测、计算机、卫星及地理信息系统等手段不断更新系统数据，并以网络平台的形式对社会开放数据并提供统计分析结果，从而为地区和国家的环境健康风险管理与疾病控制提供可行的参考信息与有利的政策支持（Litt et al.，2004；Zhou and Jerrett，2014）。同时，美国毒物和疾病登记署（Agency for Toxic Substances and Disease Registry，ATSDR）也在 2002 年国家环境健康追踪项目建设之初提出了 2002～2010 年的重点研究计划，包括暴露评估、化学复合污染物、脆弱人群、社区规划、健康效应评价与监测、健康干预六个重点方面（Spengler and Falk，2002），这极大地促进了环境健康风险研究工作。

此外，其他发达国家或地区也开展了环境健康监测体系的建设工作。基于本国重点关注的环境健康问题，建立可同时获取环境数据与健康数据的环境健康综合监测体系，从而全面地掌握环境有害因素暴露水平、人群健康状况与变化趋势，以及影响环境健康关联的其他危险因素水平（Lauriola et al.，2020）。表 2-1 展示了美国、欧洲、加拿大、澳大利亚等国家和地区已经建立或正在建设当中的相关环境健康监测系统。虽然不同国家的综合监测体系名称有所不同，但这些体系都在努力形成关联环境与健康的系统化策略，并将关联的信息应用到本国各地区的环境健康风险科研与管理中。此外，除表 2-1 中列出的初具体系的综合监测系统之外，新西兰、南太平洋地区、格鲁吉亚等国家或地区的卫生部门、研究机构、高校等也在积极开展和促进环境与健康数据的联合与应用，就紫外线暴露与健康、铅暴露与健康、水污染及相关传染病，以及环境因素疾病负担等方面开展科学分析和管理策略研究。

表 2-1　国际环境健康监测系统信息表

国家或地区	英文名称	中文名称	开始年份	组织实施单位	来源
美国	National Environmental Public Health Tracking	国家环境健康追踪项目	2000	美国疾病预防控制中心	http://ephtracking.cdc.gov/show Home.action
英国	Environmental Public Health Tracking（EPHT）and Environmental Public Health Surveillance System（EPHSS）	环境公共卫生追踪和环境公共卫生监测系统	2011	英国公共卫生执行部门（PHE）	https://www.gov.uk/government/publications/environmental-public-health-surveillance-system
加拿大	Environmental Public Health Program	环境公共卫生项目	2008	加拿大卫生部	http://www.hc-sc.gc.ca/fniah-spnia/pubs/promotion/_environ/2009_env_prog/index-eng.php
澳大利亚	Environmental Health Australia	澳大利亚环境卫生	2012	澳大利亚卫生部	http://www.eh.org.au/
欧洲	European Environment and Epidemiology（E3）	欧洲环境与流行病学	1998	欧洲疾病预防控制中心	https://e3geoportal.ecdc.europa.eu/SitePages/Home.aspx

2.1.2 我国环境健康监测体系

我国对环境健康的管理始于 20 世纪 50 年代（王朝兴，2004），环境健康监测与环境健康风险评估方面的研究工作尚处于探索阶段，环境与健康工作机制、环境与健康综合监测体系等一系列问题也都在摸索、解决和完善的进程中（邓爱萍，2011）。在过去的 30 余年中，我国逐步发展建立起了环境有害因素监测体系与人群健康水平监测网络（表 2-2）。环境监测体系在我国快速发展壮大，覆盖水、气、土壤等各个方面，各类监测方法标准 400 余项（马晓晓等，2010），各类监测的覆盖范围也逐步扩展到全国各地，目前全国已有上千个环境空气质量监测站，以及中国气象局的多个气象与天气监测产品等。我国已经建立了一定数量的全国范围的健康监测网络，如国家卫生健康委员会正在开展的全国空气污染对人群健康影响监测网络、全国城市饮用水监测网络、全国死因监测系统（DSPs）。在 2003 年严重急性呼吸综合征（SARS，曾称传染性非典型肺炎）暴发后，我国依靠互联网技术，建立了覆盖全国医疗机构的疾病预防控制信息系统，基本实现了疾病信息的实时直报与查询（陈明亭和杨功焕，2005）。然而，由于缺乏科学的整合以及多部门间的协作机制，这些监测系统大多针对单一介质、单一途径或者单一领域，尚没有一个系统可以同时对环境要素和健康效应开展监测，缺乏能够同时获取环境与健康数据的综合监测能力，已有的环境与健康数据也难以得到有效整合与应用。2007 年，卫生部、国家环境保护总局等多个部门联合发布了《国家环境与健康行动计划（2007—2015）》，明确提出建立和形成环境与健康监测网络。但是，该计划的执行情况并不尽如人意，不仅没有专门建立环境与健康风险管理机制，而且也没有能力在已有的环境管理制度中对健康风险进行专门考虑（苏杨和段小丽，2010）。自计划出台之后，至 2011 年底，国家相继出台了 7 部与环境健康相关的文件，均将建设环境污染与健康调查、环境健康风险监测等作为重要目标（李萱等，2013）。但是由于框架性文件在实际的操作应用中还存在很多问题，我国环境健康综合监测的研究和实践仍在摸索当中。因此，当前我国环境与健康综合监测大数据不足，亟须建立环境与健康综合监测体系，为解决我国所面临的普遍而复杂的环境健康问题提供数据基础。

表 2-2 我国已开展的监测及数据

指标	详细的元素	时期	时间分辨率	空间覆盖率	空间分辨率	数据源
气象因素	平均气温、最低温度、最高温度、相对湿度、气压、风速、降水量、可见度等	1951年至今	每小时/每天	全国	区县	国家气象科学数据中心
	温度、露点温度、风速、气压、风速等	1945年至今	每天	全国	市	美国国家气候数据中心
	多个气象因素	1940年至今	每天	全国	$2.5° \times 2.5°$	美国国家海洋和大气管理局
空气质量	$PM_{2.5}$、PM_{10}、O_3、SO_2、NO_2、CO 浓度	2013年至今	每小时/每天	全国	区县/市	生态环境部
饮用水监测	106项指标，包括物理指标（pH、颜色、浊度等）、毒理学指标（重金属、氯化物等）、消毒副产物等）、微生物指标	2008年至今	每年两次（分别是旱季和雨季）	全国	区县/市	卫生部、国家人口和计划生育委员会、国家卫生和计划生育局
地表水水质	酸碱度、溶解氧、化学需氧量、氨氮、水质	2004年至今	每周	全国	主要河流湖泊	生态环境部
土壤	土壤质量及成分	2005年	每年两次（分别是旱季和雨季）	全国	省（市、区）	中国土壤科学数据库
	土壤寄生虫、重金属污染等	2011~2016年	每年	31个省（市、区）	区县	中国疾病预防控制中心
死亡率	死亡案例记录	2006年至今	每天	31个省（市、区）	区县	中国疾病预防控制中心
	死亡率	2000年	每年	全国	省（市、区）	国家统计局
	死亡率	1990年（除2000年外）至今	每年	全国	省（市、区）	美国华盛顿大学健康指标与评估研究所（Institute for Health Metrics and Evaluation, IHME）

续表

指标	详细的元素	时期	时间分辨率	空间覆盖率	空间分辨率	数据源
发病率	住院病例资料	2010 年至今	每天	区县/市级	区县/市	具有信息化电子系统的医院
	发病率	1998 年、2003 年、2008 年	每年	全国	省（市、区）	中国卫生统计年鉴
人口资料	出生登记信息	2010 年至今	每年	31 个省（市、区）的 1714 个县	区县	国家免费孕前优生健康检查项目
	人口因素，包括人口总数和按性别、年龄、教育程度、家庭状况等分层的详细人口资料	2000 年、2010 年、2020 年	每年	全国	区县/市	国家统计局
统计年鉴	社会经济因素	1999 年至今	每年	全国	省（市、区）/市/区县	国家统计局
社会调查	中国健康与营养调查	1989 年、1991 年、1993 年、1997 年、2000 年、2004 年、2006 年	每年	9 个省（市、区）	省（市、区）	北卡罗来纳大学
	中国家庭金融调查	1999~2000 年	每年	18 个省（市、区）	省（市、区）	芝加哥大学人口研究中心
	中国综合社会调查	2003 年、2012 年、2013 年	每年	5 个市 100 个县	省（市、区）	中国国家调查数据库
	中国健康与养老追踪调查	2009~2011 年	每年	150 个县	区县	北京大学国家发展研究院
	中国慢性病前瞻性研究	2004~2008 年	每年	10 个地理定义区域	市	中国慢性病前瞻性研究
地理信息	归一化植被指数	2000~2016 年	月值/年值	全国	500m×500m	地理空间数据云
	年度国内生产总值（GDP）	1995 年、2000 年、2005 年、2010 年	每年	全国	1km×1km	中国科学院地理科学与资源研究所
	土地利用数据	1990 年、1995 年、2000 年、2005 年、2010 年	每年	全国	1km×1km	中国科学院地理科学与资源研究所

2.2 环境健康综合监测方法

2.2.1 环境健康综合监测指标体系

1. 指标体系建立的原则

环境健康综合监测是获取环境与健康综合数据的有效手段。开展环境健康综合监测工作的首要步骤和重要前提就是确立环境健康综合指标。通过对有针对性的环境健康综合指标体系开展监测工作，可以有效地识别和比较不同地区的潜在健康风险，为环境健康预防政策提供依据。

环境健康综合监测指标体系的建立需遵循必要性、可获得性和体现区域特性的原则。按照 WHO《环境健康指标：框架与方法》中的分类方法，环境健康综合监测指标体系可分为环境类、健康类和人口与社会经济学类。指标体系中的指标必须能够有效监测研究地区环境健康的变化趋势；此外，环境健康监测开展的时间以及投入不同，不同数据来源能否有效协作，数据尺度是否统一也会影响指标体系的建立。指标体系的重要作用之一在于不同地区的对比，因此监测指标能否敏感地反映当地环境问题的特性也是指标体系建立的重要原则之一。

2. 各国指标体系对比

为更好地开展我国环境健康综合监测工作，选择发达国家已有的环境健康综合监测体系，以及具有代表性的省市疾病预防控制中心作为调研对象，探索国内外环境健康指标差异，总结我国环境健康综合监测指标体系的优势与不足。

从监测指标项数来看，美国最多为 28 项，澳大利亚 22 项，英国 15 项，欧洲 13 项，加拿大最少，为 5 项。WHO《环境健康指标：框架与方法》的三大类指标包括 8 小类共计 24 项指标。我国现有环境健康综合监测指标 43 项，其中环境类指标 21 项，健康类指标 6 项，人口与社会经济学类指标 16 项；指标数量远多于 WHO 介绍的指标与其他国家环境健康综合指标（表 2-3）。我国已有监测指标种类丰富，数据体量大，但各地区监测时间、数据集尺度、数据集收集和整理标准均不同，监测数据整合存在一定难度。此外，通过与国外环境健康综合监测指标的对比，我国目前尚未纳入婴儿死亡率、吸烟率、期望寿命、食物安全、事故与中毒、个体行为、社会规划与空调拥有率等指标。受限于全国监测数据的缺乏，这些指标的可得性较差，未来工作需要对这些指标的监测加以重视，进一步完善我国环境健康监测工作（杜宗豪等，2016）。

表 2-3 国内外环境健康监测指标对比

指标分类		中国	美国	英国	加拿大	欧洲	澳大利亚	WHO
环境类	空气	PM2.5、PM10、SO2、NO2、CO、O3	PM2.5、室内 CO、O3	环境危害数据 [a]	N/A	O3	PM2.5、PM10、SO2、NO2、CO、O3、铅、木材燃烧烟雾、生物体燃烧量	室外 PM2.5、PM10、SO2、NO2、CO、O3；室内燃料产生的污染物
	水	饮用水中微生物、重金属、消毒副产物、农药、地方病相关等	砷、消毒副产物、硝酸盐、PCE、镭、TCE、铀、农药	N/A	饮用水 [a]	湖泊水、水层 [a]	N/A	饮用水 [a]
	土壤	铅、铬、镉、汞、砷等	N/A	N/A	N/A	地质 [a]	N/A	土地污染 [a]
	气候变化	温度、湿度、能见度、风速、气压	温度、热浪	气象数据 [a]	N/A	温度、土壤水分、降水	飓风	N/A
健康类	患病	医院直报、慢病监测数据	肿瘤、哮喘、心脏病	哮喘、肿瘤、心血管疾病、糖尿病、精神疾病、口腔疾病、肥胖、传染病数据、就医数据 [a]	空气、水、虫媒传播疾病	N/A	中风、心脑血管疾病、肿瘤、哮喘、慢性呼吸系统疾病、糖尿病	腹泻、呼吸系统疾病、水传播病
	死亡	全死因个案	死亡数据、新生儿死亡率	死亡数据 [a]	N/A	N/A	N/A	媒介传染病、婴儿死亡率、腹泻等婴儿死亡率、中毒死亡率
	出生	先天性疾病、新生儿死亡、出生低体重	血铅水平、发育障碍	先天性疾病 [a]	N/A	N/A	N/A	N/A

续表

指标分类		中国	美国	英国	加拿大	欧洲	澳大利亚	WHO
人口与社会经济学类	人口统计学	人口、人口密度、年龄、性别、民族、籍贯、老年人比例	人口数、人口密度、人口特征	N/A	N/A	人口数、人口密度、陆地面积	人口、人口密度、年龄、性别	人口密度、人口增长率、年龄构成比、城市化率、婴儿死亡率、期望寿命
	社会经济学	家庭收入、教育程度、职业分布	家庭收入、健康保险、教育程度	教育程度	N/A	N/A	低收入人群	人群贫困指数
	适应能力指标	取暖方式、绿地面积、土地利用、基础设施、住房条件、人群出行模式	空调拥有率	住房条件	房屋安全监测 a	植被、森林分布、土地利用	森林面积	住房条件

注：N/A 表示没有找到该类指标。

a. 没有找到具体的监测指标。

2.2.2　环境健康综合监测系统

1. 美国环境健康综合监测系统概述

2000 年，美国 CDC 为填补环境与公共卫生之间的空白，联合州与地方相关机构（Wijnhoven et al.，2014；Strosnider et al.，2014），共同提出了国家环境健康追踪项目的发展计划。NEPHT 的运行是以美国 CDC 为中心，建立多部门合作机制，合作部门包括卫生健康机构、学术机构、环保部门、社会组织、政府部门等；美国 CDC 从各个部门收集数据，将数据整合后与各个部门有效共享。NEPHT 主要追踪环境危害与暴露、相关疾病以及其他相关信息 3 个方面的重要数据，通过国家与地区间的多机构合作获取丰富的数据源，并以网络平台的形式对社会开放数据，从而为国家和地区的人群健康保护提供可行的参考信息。本节将从体系框架，数据监测，数据质控、整合与处理，数据发布与共享，以及环境健康监测系统的应用 5 个方面对 NEPHT 进行介绍。

1）体系框架

NEPHT 同时收集环境危害因素数据、危害暴露数据和健康效应数据，因此，它不仅是数据监测平台，更是一个环境健康综合数据整合平台（Lee and Thacker，2011）。NEPHT 能够同时开展环境与健康数据监测，之后对数据进行清理与标准化，并采用系统内部的分析工具对数据进行探索与可视化展示，一方面将分析结果提供给各部门应用，另一方面对数据做出易于大众理解的解读，从而满足不同利益相关群体的需求。据此，构建出集数据监测、数据收集、数据整合与标准化、数据分析、数据解读、数据发布、数据应用等环境健康数据整合功能于一体的环境健康综合监测体系架构（U.S. CDC，2015），如图 2-1 所示。

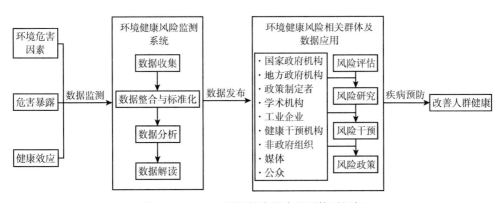

图 2-1　NEPHT 环境健康综合监测体系框架

2）数据监测

（1）数据来源：NEPHT 监测点覆盖美国 25 个州，可从不同地区的环境与健康相关机构获取稳定的区（县）级数据。

（2）监测数据类型：NEPHT 的主要监测对象涵盖环境危害因素、健康效应因素及其他相关因素的监测（U.S. CDC，2015）。其中，①环境危害因素：NEPHT 纳入监测的环境危害因素是依据流行病学、毒理学研究所确定的有害因素来确定的（Litt et al.，2004）。目前监测的环境因素包括大气污染、地表水及饮用水污染、有毒物质及废弃物污染、室内空气污染、社区环境以及气候变化等大类，各类因素中包括若干特征污染物指标或暴露水平指标。②健康效应因素：NEPHT 纳入监测的健康效应因素是依据其多年来的疾病预防与控制经验，以及文献综述结果中人群疾病与环境危害因素的相关程度来确定的（Lee and Thacker，2011）。1998 年美国就提出了人群健康 2010 规划中的重要疾病监测指标（U.S. Department of Health and Human Services，2015）；近年来美国又提出了人群健康 2020 规划中的监测指标，包括癌症、心脑血管疾病、呼吸系统疾病等（U.S. Department of Health and Human Services，2016）。拟监测的疾病数据均具备目前国际上通用的疾病分类标准编码（international classification of diseases，ICD），以便于数据管理。③其他相关因素：人群的社会经济特征、生活环境与所处背景、对环境危害因素的暴露行为模式等，能够影响其遭受健康损害的可能性。因此在研究环境因素与人群疾病关系时，人群自身的健康风险因素是必须要考虑的影响因素。

3）数据质控、整合与处理

NEPHT 的主要质控依据为一套全国统一的数据标准与数据筛选规则。统一的数据标准使监测体系具备数据自动识别功能，并据此对各个部门提供的数据进行审核，只有符合标准的数据才可以进入监测体系，这样一方面保证了数据质量，另一方面能够实现对不同区域数据的比较。在数据整合时，制定元数据标准，利用相同的格式存储数据，同时汇编标准的词汇命名法则描述数据集特征。在数据分析与处理时，在该体系中纳入多个数据处理技术工具，包括环境健康风险快速查询技术（rapid inquiry facility，RIF）、关键参数的分析与估计技术、环境健康数据可视化技术等（Talbot et al.，2009；Vaidyanathan et al.，2013）。

4）数据发布与共享

有效的数据共享是对环境健康综合数据的重要应用。NEPHT 具有良好的面向相关部门及公众的数据交流与共享机制。监测体系将对各个相关部门设立不同权限，系统自动根据用户的权限提供相应的数据操作，将结果有选择性地反馈给各部门。对于公众，NEPHT 会筛选能够向公众公开的数据，将这类大数据进行清理与标准化，并根据数据保密原则，通过系统内嵌工具对数据进行可视化后对外发布（U.S. CDC，2015）。

5）环境健康监测系统的应用

NEPHT 利用其丰富的监测数据与系统工具，能够一方面基于用户需求提供区县级数据，支持用户开展环境健康研究与管理；另一方面通过系统内嵌的计算功能，为用户展示区域环境健康现状并识别潜在风险，从而实现其在科研工作、政府管理与公众交流中的良好应用。该追踪体系在美国各地区均有成功应用的实例，典型的应用包括利用可视化工具快速识别风险区域、利用连续监测数据支持长期流行病学研究与支撑区域环境健康管理政策制定等（U.S.CDC，2015）。

2. 中国环境健康综合监测系统概述

中国环境健康综合监测系统（Chinese Environmental Public Health Tracking，CEPHT，简称综合监测系统）是中国疾病预防控制中心环境与健康相关产品安全所（简称环境所）在充分调研了世界范围内重要的环境健康监测项目后，借鉴美国疾病预防控制中心的环境与健康追踪项目先进经验，由中国疾病预防控制中心环境所牵头组织建立的环境健康数据与技术集成系统。综合监测系统旨在基于各地方已有数据基础，通过采集与汇总各地方环境因素、人群健康效应与环境健康风险因素三类数据，形成环境健康数据集；基于累积的环境健康数据，开发数据审核、清理、存储、整合、加密及调用的多种环境健康数据处理技术工具；最终通过建立集数据库与数据处理技术库于一体的环境健康综合监测平台，实现环境健康数据的有效应用，促进地方疾控环境健康综合监测与风险评估工作，并推进全国环境健康综合监测工作的有效开展，为疾病预防控制的相关决策及管理提供强有力的支撑（Ban et al.，2019）。

综合监测系统纳入环境因素数据、健康效应数据以及人口、地理因素等风险因素数据共计 18 类数据，具体包括：空气污染日值、大气 $PM_{2.5}$ 成分数据、气象因素日值数据、土壤监测年度数据、饮用水卫生监测季度数据、死因监测数据、五种慢性病监测数据（脑卒中、冠心病、高血压、糖尿病、肿瘤）、医疗机构住院数据、医疗机构门诊数据、医疗机构急诊数据、急救中心数据、出生缺陷数据、高温中暑数据、区县常住人口数据、区县人口总数据、区县人口构成数据、$PM_{2.5}$ 模型模拟数据，以及 GDP 数据。监测指标体系及各类数据指标的时空尺度如表 2-4 所示。

表 2-4　综合监测系统指标体系

数据类型	数据指标	空间分辨率	时间分辨率
环境因素数据	空气污染日值	区县	日值
	大气 $PM_{2.5}$ 成分数据	区县	日值
	气象因素日值数据	区县	日值
	土壤监测年度数据	区县	日值/季度
	饮用水卫生监测季度数据	区县	日值/季度
健康效应数据	死因监测数据	区县	日值
	五种慢性病监测数据	区县	日值
	医疗机构住院数据	区县	日值
	医疗机构门诊数据	区县	日值
	医疗机构急诊数据	区县	日值
	急救中心数据	区县	日值
	出生缺陷数据	区县	日值
	高温中暑数据	区县	日值
	区县常住人口数据	区县	年值
人口、地理因素等风险因素数据	区县人口总数据	区县	年值
	区县人口构成数据	区县	年值
	$PM_{2.5}$ 模型模拟数据	1km	日值
	GDP 数据	1km	年值

　　中国环境健康综合监测项目由中国疾病预防控制中心环境所牵头组织，省级、市级及区县级疾病预防控制中心参加。2015 年启动，至 2020 年底，项目监测点位共纳入 220 余区县，具体点位列表请见表 2-5。

表 2-5　综合监测项目点位列表

序号	单位	纳入地级市	区县市点位名称
环境健康综合监测原省控点与市控点位			
1	湖南省疾病预防控制中心	长沙市（1市）	浏阳市
2	浙江省疾病预防控制中心	台州市（1市）	玉环市
3		金华市（1区县）	婺城区
4	杭州市疾病预防控制中心	杭州市（2区县）	原下城区、西湖区
5	黑龙江省疾病预防控制中心	哈尔滨市（1区县）	道里区
6	北京市疾病预防控制中心	北京市（1区县）	昌平区
7	广西壮族自治区疾病预防控制中心	南宁市（1区县）	青秀区

序号	单位	纳入地级市	区县市点位名称
8	陕西省疾病预防控制中心	宝鸡市（1区县）	陈仓区
9		西安市（1区县）	长安区
10	湖北省疾病预防控制中心	武汉市（1区县）	江汉区
11		孝感市（1区县）	孝南区
		新增风险评估试点点位	
12	河北省疾病预防控制中心	廊坊市（4区县市）	廊坊市、安次区、广阳区、香河县
13		石家庄市（7区县市）	石家庄市、长安区、裕华区、鹿泉区、正定县、行唐县、辛集市
14		保定市（4区县）	保定市、莲池区、竞秀区、望都县
15	江苏省疾病预防控制中心	全部区县市（96区县市）	滨湖区、江阴市、张家港市、姑苏区等
16	山东省疾病预防控制中心	淄博市（5区县市）	淄博市、张店区、博山区、临淄区、沂源县
17		滨州市（5区县市）	滨州市、无棣县、滨城区、阳信县、沾化区
18		德州市（5区县市）	德州市、德城区、陵城区、乐陵市、武城县
19	河南省疾病预防控制中心	郑州市（3区县市）	郑州市、中牟县、登封市
20		洛阳市（4区县市）	洛阳市、涧西区、洛龙区、嵩县
21		安阳市（4区县市）	安阳市、林州市、内黄县、汤阴县
22		周口市（9区县市）	周口市、太康县、沈丘县、西华县、淮阳区、商水县、郸城县、项城市、扶沟县
23	四川省疾病预防控制中心	成都市（5区市）	成都市、青羊区、郫都区、彭州市、都江堰市
24		自贡市（4区县市）	自贡市、富顺县、贡井区、荣县
25		攀枝花市（3区市县）	攀枝花市、米易县、西区
26		绵阳市（3区市）	绵阳市、涪城区、江油市
27		广元市（2区市）	广元市、利州区
28	青岛市疾病预防控制中心	青岛市（10区市）	崂山区、西海岸新区、市南区、莱西市、市北区、即墨区、平度市、胶州市、李沧区、城阳区
29	宁波市疾病预防控制中心	宁波市全部区县（8区县市）	海曙区、鄞州区、镇海区、北仑区、奉化区、慈溪市、宁海县、江北区
30	深圳市疾病预防控制中心	深圳市（10区）	南山区、大鹏新区、龙华新区、龙岗区、宝安区、坪山区、罗湖区、福田区、光明新区、盐田区

序号	单位	纳入地级市	区县市点位名称
31	合肥市疾病预防控制中心	合肥市（9区县市）	瑶海区、巢湖市、肥东县、肥西县、庐江县、长丰县、包河区、庐阳区、蜀山区
32	济南市疾病预防控制中心	济南市（10区县）	历下区、市中区、槐荫区、天桥区、历城区、长清区、章丘区、济阳区、平阴县、商河县

中国环境健康综合监测系统建立是为了解决目前我国开展环境健康风险评估缺乏数据基础与技术支持的瓶颈问题。基于目前在综合监测系统运行中发现的实际问题，确立了近期拟解决的问题，包括建立数据共享机制和提升数据处理技术两个方面。

第一，建立数据共享机制。

数据共享机制的建立与完善是综合监测系统的重点。环境健康综合监测拟从如下三方面开展数据共享。

（1）系统直接共享数据。综合监测系统为不同利益相关者共享的数据集的数量和类别根据不同的权限级别而有所不同，通过设置数据共享权限从而使得项目内部来自不同领域的研究团体和机构在访问申请通过后得以访问数据，从而进行重要科研与管理工作。环境空气污染监测数据、气象数据将有可能在早期阶段实现共享。

（2）系统间接共享数据。除数据直接共享方式之外，在原始数据无法公开的情况下，环境健康综合监测拟可开展间接共享的服务，如面向地方和公众提供环境与健康汇总数据查询和数据可视化功能。为了保证数据安全，数据访问限制技术需要进一步开发，尤其是数据脱敏处理与数据的快速汇总统计技术。

（3）数据产品化是一种共享环境健康数据的科学方式。在经过预处理的脱敏数据基础上，按照数据需求方定制并提供统一格式的数据集，从而实现数据共享。综合监测系统已经开展面向全国及京津冀地区长时间序列高空间分辨率的 $PM_{2.5}$ 与 O_3 逐日浓度暴露数据的共享服务，共享用户在提交数据需求与签订数据使用协议后可获得数据集（具体可访问中国环境健康综合监测系统官方网站 https://cepht.niehs.cn:8282/official.html）。数据产品的进一步开发和使用将是该综合监测系统项目发展的重点。

第二，提升数据处理技术。

综合监测系统平台已经应用了评估数据质量和清理数据的技术工具。进一步技术开发重点应有效地从多个数据源中提取有价值的信息，并链接环境和健康数据。未来可进一步实现与当前区县的环境健康风险评估相关的多中心研究。CEPHT 已被列为中国环境卫生发展计划（2016～2025 年）的主要组成部分，在不久的将来，更多的基层疾控中心将参与 CEPHT，最终有望在全国范围内普及环境健康综合监测网络。CEPHT 可以通过这种方式减小中国在环境公共卫生领域与发达国家的差距。

2.3　环境健康综合监测数据的质量控制

2.3.1　环境健康综合监测数据核查原则

环境健康综合监测数据由于来源、内容不同而存在一定的差异。对于数据质量的评估，应至少满足以下两个原则。

1）数据完整性

数据完整性是数据质量的基本保障，进行数据质控时，应首先描述数据是否存在缺失记录或者字段。

2）数据准确性

在数据完整性得到保障的基础上，应进一步考虑数据能否准确地反映客体的相应特征，失真的数据将在很大程度上影响分析结果的可信度。

2.3.2　环境健康综合监测数据核查方法

1. 核查指标

基于以上两项核查评估原则，在单独核查环境因素与健康效应数据时，可根据实际情况选取数据完整性与数据准确性对应的各项指标并开展定量化评价。具体指标如下。

1）完整性指标

a. 机构未报率

统计环境因素数据与健康效应数据上报机构的上报情况。

机构未报率=未上报机构数/应上报机构总数×100%。

b. 指标缺失率

针对环境因素数据与健康效应数据，分别统计各项指标的缺失情况。

指标缺失率=缺失记录数/总记录数×100%。

c. 数据格式检查

对环境因素数据与健康效应的原始数据格式进行检查，对各字段数据格式，尤其是日期格式（年、月、日）、数据编码字符、站点编号等数据格式进行检查。

数据格式错误率=各字段数据格式错误数/总记录数×100%。

2）准确性指标

a. 异常值检查

异常值检查有以下两种方法：①统计各项指标异常值情况，一般可将$\bar{x} \pm 2s$（平均值±2倍标准差）以外的值列入异常值观察范围中，但异常值的定义也应根据具体指标确定，如 $PM_{2.5}$ 浓度不应低于检出限，气象数据不应出现极值，健康效应数据中年龄字段不应超过正常年龄范围（0～150 岁）。②利用曲线趋势手动检查，此方法适用于存在时间趋势的气象、环保数据等，如绘制各气象指标的时间序列散点图，判断是否有明显偏离曲线的异常点，对于明显离群点（如气温过高等），查找历史天气，如无特殊天气，则认为是异常值点（窦以文等，2008）。

异常值占比=异常值总数/总记录条数×100%。

b. 数据重复率

数据统计过程中，部分数据可能存在重复现象，干扰数据分析结果。环境因素数据与健康效应数据重复判断方法有所不同，本书采用的环境因素数据重复判断标准为两条记录的日期完全相同；死因监测数据重复的判断标准为死因编码与身份证号任一字段记录相同；患病数据重复的判断标准则为两条记录所有字段完全相同，即判断为重复记录。

数据重复率=重复记录总数/总记录条数×100%。

c. 数据编码错误率

统计各指标或字段的错误编码数，如对死因监测数据进行质量评估时，统计死因编码的错误编码比例。

数据编码错误率=各字段错误编码数/总记录条数×100%。

d. 数据逻辑错误率

若数据指标间存在一定逻辑关系,则应对此类指标的逻辑错误率进行统计(许涤龙和叶少波，2011）；如气象数据应筛查平均、最高与最低之间的关系，若出现最高小于平均或最低数据，以及最低大于平均或最高数据的情况，则视为存在逻辑错误；对于健康效应数据，如死因监测数据，可通过对比出生日期和死亡日期差值与年龄记录是否一致来判断是否存在逻辑错误。

数据逻辑错误率=逻辑错误记录数/总记录条数×100%。

2. 核查方法

综合指数法能够整合多个质量核查指标数值，构建综合指数评估数据总体质量，以定量表示各指标的综合变化程度（何萍等，2010）。本节提出三类综合指数的计算方法，对数据质量综合评估具有不同意义。

1）综合指数 1

该指数用于同一机构提供的不同数据质量间的比较，如可对比 A 监测地区提供的环境因素数据与健康效应数据质量，便于发现 A 机构存在问题较多的数据类别。计算公式如下。

第一步，将质量核查指标实测值进行无量纲均值化处理：

$$a_i(k)=x_i(k)/x_i \qquad (2\text{-}1)$$

式中，$x_i(k)$ 为某一机构提供的第 k 类数据的第 i 项核查指标实测值；$x_i = \dfrac{1}{n}\sum_{k=1}^{n} x_i(k)$，为所有类数据第 i 项指标实测值均值；$a_i(k)$ 为第 k 类数据在第 i 项核查指标上的无量纲化值。

第二步，对各项指标进行综合指数线性加和计算，表达式为

$$l_k = \sum_{i=1}^{n} a_i(k) \qquad (2\text{-}2)$$

式中，l_k 为第 k 类数据的综合指数 1，即第 k 类数据所有指标的无量纲化值之和。

2）综合指数 2

该指数主要用于同一机构提供的同一类数据不同年份间质量比较，如可对比 A 监测地区提供的 2013 年与 2014 年死因监测数据质量，以便于发现 A 机构死因监测数据的逐年改善情况。计算公式如下：

$$l_k = \frac{1}{n}\sum_{i=1}^{n} a_i(k)\times 100 \qquad (2\text{-}3)$$

式中，l_k 为第 k 类数据的综合指数 2，即第 k 类数据所有核查指标实测值均值；$a_i(k)$ 为第 k 类数据在第 i 项核查指标上的实测值。

3）综合指数 3

该指数用于不同机构提供的同一类数据质量间的比较，如可对比 A 监测地区与 B 监测地区的死因监测数据质量，评估出数据有效性更佳的机构。计算公式如下。

第一步，将质量核查指标实测值进行无量纲均值化处理：

$$a_{di}(k) = x_{di}(k)/x_{di} \qquad (2\text{-}4)$$

式中，$x_{di}(k)$ 为机构 d 提供的第 k 类数据的第 i 项核查指标实测值，$x_{di} = \dfrac{1}{n}\sum_{d=1}^{n} x_{di}(k)$，为所有机构第 k 类数据第 i 项指标实测值均值；$a_{di}(k)$ 为机构 d 提供的第 k 类数据

在第 i 项核查指标上的无量纲化值。

第二步，对各项指标进行综合指数线性加和计算，表达式为

$$l_{dk} = \sum_{i=1}^{n} a_{di}(k) \qquad (2-5)$$

式中，l_{dk} 为机构 d 第 k 类数据的综合指数 3，即机构 d 提供的第 k 类数据所有指标无量纲化值之和。

采用综合指数法评估数据质量的结果，按照从小到大排序，表示数据质量状况从好到差。

2.3.3 环境健康综合监测数据存在的质量问题

1. 环境因素数据质量问题

目前环境因素数据的质量问题以数据缺失和存在异常值为主。首先，数据缺失普遍存在的现象有，一方面是监测数据本身的缺失，另一方面是监测站点信息的缺失：空气质量和气象因素监测数据及站点的编号、地理位置等信息存在不同程度的漏报。其次，部分环境因素数据也存在一定的异常值。例如，2013 年某市空气质量浓度监测数据中，CO（0.55%）、NO_2（0.82%）、SO_2（1.10%）缺失较多，并且分别有少量异常值出现，而 2014 年该数据中，O_3（0.27%）、PM_{10}（0.27%）、NO_2（1.64%）、SO_2（3.56%）也存在不同程度的缺失，且 CO（0.27%）、PM_{10}（0.55%）、NO_2（0.27%）有明显异常值；2014 年气象数据中最高气压字段出现0.27%的异常值。

整体来看，环境因素数据中空气质量监测数据、气象因素数据、$PM_{2.5}$ 成分数据的数值分布趋势整体平稳，数值异常情况较少，仅在个别区县存在 1～2 个异常离散的空气污染颗粒物浓度值（班婕等，2016）。

2. 健康效应数据质量问题

与环境因素数据有所不同，健康效应数据质量主要存在数据缺失、逻辑错误及重复记录等问题。

相对而言，健康效应数据存在的缺失问题较多，主要体现在两方面：一方面，所有类型的健康因素数据均存在报告卡编号、死亡根本原因与根本死因疾病编码（ICD）大幅缺失，且不同地区的医疗机构使用的 ICD 编码体系不同，导致编码较为混乱；另一方面，医疗机构相关数据关于个案的个人信息较少，住址、教育程度等字段大多缺失；此外，急救数据的急救信息（如出车原因、主诉症状、诊断等）缺失率较高。例如，某市死因监测数据 2014 年与 2015 年报告卡编号缺失率分别为 3.67%与 0.47%，死亡根本原因及 ICD 缺失率均为 0.026%；慢性病（冠心

病）监测数据相对较高的缺失率主要由 ICD10 编码及名称的缺失导致。

健康效应数据还存在一定的逻辑错误和重复记录问题。死因监测数据的逻辑错误大多由常住或户籍地址与地址编码不一致引起；2014 年重复记录较 2015 年更多。

整体来看，健康效应数据中死因监测数据整体上各年趋势平稳，而慢性病发病监测数据、医疗机构数据普遍呈现异常波动的趋势，70%以上的区县存在同一区县不同年份间发病人数或就诊人数波动较大的情况，而慢性病发病监测数据中某区县脑卒中年发病率波动超过 50%（班婕等，2016）。

2.4 研 究 案 例

中国环境健康综合监测系统叙述如下。

1. 监测建立的背景及意义

与其他国家相比，中国面临着更加严重的复合化环境问题（Liu and Diamond，2005），而环境因素的剧烈改变也给中国人群健康带来了不良影响。一方面，越来越多的环境与健康研究表明，持续的空气、淡水和土壤的质量下降使得相关死亡率在过去 30 年中发生显著变化（Zhou et al.，2016）。另一方面，在全球变暖的背景下，中国在 20 世纪下半叶更加频繁地出现极端天气，极端天气事件对人群健康产生了显著的健康损害效应（Gasparrini et al.，2015；Ban et al.，2017）。作为可持续发展战略的重要组成，建设健康中国的关键目标之一是厘清和解决复杂的环境健康问题，保护公共健康，提升人群健康水平。因此，开展环境与健康监测，关联环境与健康数据，获得环境健康影响的科学证据，是实现健康中国的必经之路。

环境健康综合数据的巨大需求以及中国本身地理因素、社会经济因素的显著差距，使得环境健康综合监测系统的建立成为必然。包括美国、加拿大、英国以及欧洲国家在内的发达国家已经建立了当地的环境健康综合监测系统，为我国的环境健康监测提供了经验；此外，多个国家倡导的国际公共卫生和环境追踪网络处于建立初期，对收集、整合、分析和共享环境健康数据，并探索环境危害与公共卫生之间的联系十分有利。因此，中国及时地汲取国际先进经验，并建立本土环境健康综合监测系统，对于获取分析环境健康数据、解决本土环境健康问题、减小与国际的差距有巨大意义。

中国环境健康综合监测系统于 2015 年由中国疾病预防控制中心环境所发起并持续资助，联合多个地区疾病预防控制中心共同建设。该项目的任务包括收集、整合、处理分析和应用从省市到县乡的各个行政级别的环境和健康数据，从而与政府、科研和公众等各个利益相关群体共享环境与健康信息，为改善国家和地方公共卫生策略提供决策依据。

2. 监测指标体系的构建

环境健康综合监测系统的建立可以整合环境健康数据资源，促进环境健康数据资源在政府决策部门、科研工作者和社会公众中的有效应用。开展环境健康综合监测工作的首要步骤和重要前提是确立环境健康监测指标。基于文献资料调研、国内地方疾病预防控制中心实地调研与专家咨询法，获得了基于我国国情的环境健康指标，如图 2-2 所示。

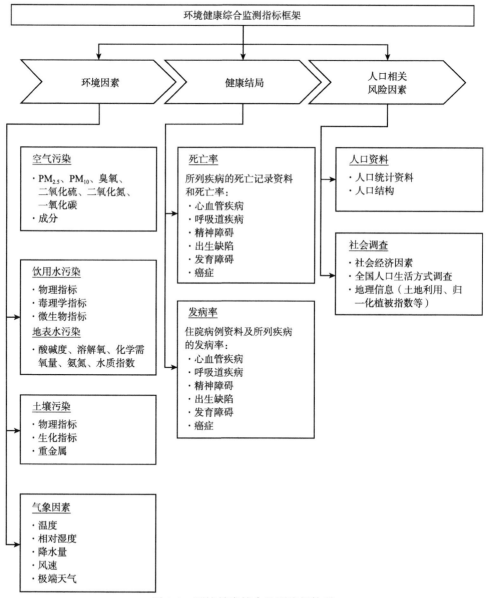

图 2-2　环境健康综合监测指标体系

当前的环境健康综合监测指标体系由环境因素、健康结局、人口相关风险因素组成。现阶段,环境健康综合监测系统仅包含基本指标(由研究关注的焦点确定)和可访问指标(具有成熟的监测系统),如空气污染和气候因素、不同原因的死亡率、特定疾病的发病率以及社会人口统计指标等。

1)环境因素

通过对以往环境因素与健康研究的综述,空气污染、饮用水污染及地表水污染、土壤污染和气象因素被确定为与公共卫生相关的四个突出问题。对每一项都需要开展有针对性的科研和管理工作,而我国现有的大规模监测网络可以提供数据支持。

对于空气污染问题,由于空气污染监测网络已经覆盖了我国的主要城市,其数据可以实现公开下载,因此空气污染指标可得性相对较高。

对于饮用水污染问题,自 2007 年以来,我国一直对饮用水污染进行监测。但是,饮用水卫生监测数据仅作为公共卫生相关部门内部的可用资源,并不向公众开放,可通过合作方式获取数据。地表水水质监测数据可通过生态环境部定期发布的每周、每月和每年的水质评估报告获得[①]。

对于土壤污染问题,2005~2013 年我国实施了由环境保护部组织的全国性土壤质量监测计划;对全国范围内农村土壤卫生监测也在 2011 年开展(中国疾病预防控制中心,2011)。但是以上数据并未面向社会公开,需要内部合作以获得数据。

对于气象因素问题,利用大量不同来源的可用气象数据有助于捕获不同地区温度相关的健康影响之间的差异。国家级监测数据与来自国际机构的气象再分析数据都是有效的气象数据。

2)健康结局

本项目中的指标框架囊括一系列受到广泛关注的与环境因素相关的健康结局,包括心血管疾病(Cao et al., 2011)、呼吸系统疾病(Lai et al., 2013)、精神障碍(抑郁和焦虑)(Wang et al., 2014, 2018)、早产和低出生体重等不良出生结局(Qian et al., 2016)与癌症(Chen et al., 2016)。

自 2013 年以来,中国疾病预防控制中心的死亡监测系统收集了 605 个监测点逐年报告的死亡率数据,覆盖中国总人口的 24.3%(Liu et al., 2016)。对于发病率数据来说,入院数据记录了暴露于环境危害的急性影响。在我国东部的一些发达地区,公共卫生部门还对五种慢性病(心脏病、脑卒中、高血压、糖尿

[①] 环境保护部. 2017. 地表水监测周报.

病和癌症）的发病率进行追踪；但是这种数据通常只在特定系统内进行共享。此外，我国对于生殖健康，包括妊娠妇女及儿童出生登记数据也有相关监测，例如自 2010 年以来，我国实施了全国免费孕前健康检查项目以追踪全国 31 个省份 1714 个县的妊娠结局（Wang et al.，2018），在每个追踪站点均建立电子系统以收集研究对象的基本特征、临床记录和随访记录信息。但是健康数据，尤其是个案数据，由于其敏感性并未面向社会公开，数据获取有赖于良好的内部合作。

3）人口相关风险因素

理想情况下，人口特征和危险因素可用于识别高危人群、评估脆弱性以及了解可能影响环境危害相关的健康影响因素。这些因素可以作为混杂因素纳入流行病学研究中，以准确确定暴露与反应之间的关系。综合监测汇总了我国每 10 年开展的人口普查数据，该信息可用于追踪人口数量信息以及人口结构。此外，综合监测广泛搜集了大量的开放性社会调查数据，在此过程中发现与个人生活环境和生活方式选择相关的风险因素可以从各种社会学研究中获得，这些研究的大多数数据都是向公众开放的，但其中部分数据会收取费用或需要数据使用协议。

3. 综合监测系统简介

1）综合监测系统功能介绍

a. 综合监测系统功能构架

综合监测系统旨在集成与重要的环境卫生问题相关的数据集，提供数据共享，探索环境危害与健康影响之间的关系，并在一定程度上为环境健康研究人员提供数据处理技术支持，为公共卫生策略提供解决方案。综合监测系统能够实现数据收集与整合、数据质量核查以及数据分析与应用三个方面的功能。

图 2-3 展示的是环境健康综合监测基础平台的登录界面，用户在对应权限下凭借下发的密钥及密码登录综合监测系统；图 2-4 展示的是环境健康综合监测基础平台首页，首页包括数据采集、数据清理、暴露–反应关系计算、风险预警、预警评估工具包、数据可视化、标准数据集及系统管理 8 个板块。系统用户可使用的功能板块依据用户权限而定。

图 2-3　环境健康综合监测基础平台登录界面

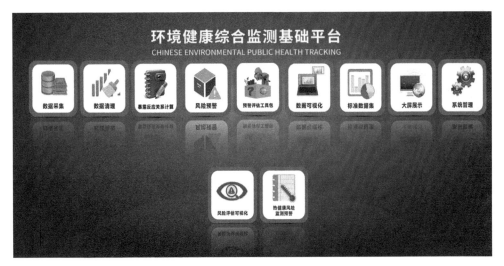

图 2-4　环境健康综合监测基础平台首页界面

b. 系统数据上报功能

系统数据上报功能为用户提供标准化的上报流程，包括各类数据标准模板与统一上报入口。在数据上报过程中，为了确保来自不同区县数据的兼容性，各区县负责人员每年接受一次技术培训，旨在提高对数据模板的认识与规范操作。在地方疾病预防控制中心的支持下，环境健康综合监测基础平台目前已经汇总收集了 2013～2018 年中国 27 个区县的环境因素数据和健康因素数据，数据总量达千万量级。

c. 标准数据集功能

数据通过综合监测系统上报后，系统会通过自动化的数据核查清理与汇总功能，对现有 27 个区县的环境因素和健康因素监测数据进行整合，形成标准化数据集，并以区县名实现全库链接。图 2-5 展示的是目前环境健康综合监测基础平台标准数据集模块界面，包括环境因素、健康因素、人口信息、社会经济信息、地理信息和其他信息 6 个模块；每个模块中按照数据基本类别进行分类以实现对数据的快速、准确检索。

图 2-5　标准数据集模块界面

d. 数据质量自动化核查功能

环境健康综合监测基础平台针对环境健康数据的质量问题，开发了内嵌于系统的数据质量自动化检查工具，可以即时对上报的各类数据进行解析，并对数据逻辑错误、缺失率等问题进行初步核查，自动形成审核报告，支持数据质量审核工作。

此外，基于初步审核报告中的数据质量问题指标，系统按照上报机构提供的数据通过一套综合指标算法计算出各类数据质量的分数和排名，数据质量评价结果能够及时反馈给数据上报机构，并进一步提高上报数据质量。

e. 数据自动化清理功能

环境健康综合监测基础平台实现了环境与健康数据的自动化清理功能。图 2-6 和图 2-7 展示的是环境健康综合监测基础平台中的数据清理模块：首先，系统用户在数据选择界面按照数据基本信息选定需要清理的数据（数据所在省份、数据所在市和数据所在区县），随后进入参数设置界面按照需求产出清理后数据。目前该系统能够实现的清理功能包括：①按照人员类型进行清理：对"常住地址类型"和"户籍地址类型"按照"本县区""本市其它（他）县区""本省其它（他）地市""其它（他）省""其它（他）"进行筛选。②输出模板选择。③"死因编码设定"：按照 ICD10 疾病编码逐级选择所需的死因类型。④划分设定：是否按照性别、文化程度、年龄和婚姻状况对人群进行分类，分别产出数据。此功能模块能够将各地区上报的个案健康数据进行清理与整合，形成时间序列汇总数据，有利于数据进一步应用于环境健康关联分析中。

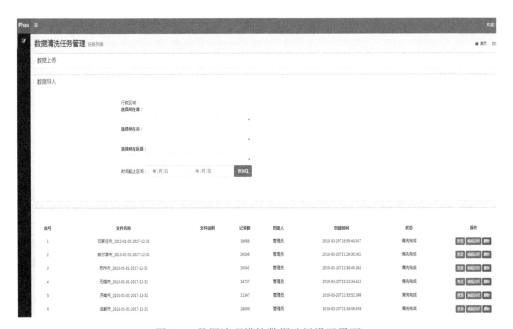

图 2-6　数据清理模块数据选择设置界面

城区设定

苏州市　　　　　-请选择区-　▾　　❌

＋

人员类型设定

常住地址类型　　☑本县区 ☑本市其它县区 ☑本省其它地市 ☑其它省 ☑其它
户籍地址类型　　☑本县区 ☑本市其它县区 ☑本省其它地市 ☑其它省 ☑其它

输出模板选择

自定义　　　　　　　　　　　　　　　　　　　▾

死因编码设定

按大类选择　▾

☐ 非意外死亡(A00-R99)
☐ 精神与行为障碍(F00-F99)
☐ 神经系统疾病(G00-G99)
☐ 循环系统疾病(I00-I99)
☐ 呼吸系统疾病(J00-J99)
☐ 泌尿生殖系统疾病(N00-N99)

划分设定

按性别划分：	○是	●否	**按年龄划分：**	○是	●否
按文化程度划分：	○是	●否	**按婚姻状况划分：**	○是	●否

创建任务

图 2-7　数据清理模块参数设置界面

f. 系统环境与健康数据自动关联分析功能

环境健康综合监测基础平台包括丰富的数据关联分析应用功能。

暴露–反应关系自动化计算：该功能可以自动关联某地区的环境暴露数据与死因数据；通过选定分析数据，依次设置"分析数据起始日期""分析数据终止日期""死亡年龄范围设定（岁）""选择性别""选择根本死因 ICD 编码"，系统会自动产出当前设定下分析数据的总死亡时间序列图；引用系统内嵌的参数建立时间序列分析模型，最终产出当前数据的暴露–反应关系及相关图表（图 2-8）。

WHO 风险评估工具：该功能支持自动关联某地区环境暴露数据和相关参数，评估本地因环境暴露（主要为 $PM_{2.5}$）导致的超额死亡风险水平；WHO 风险评估工具的使用包括以下几个步骤：首先完成当前评估基本信息的填写与选择（"评估标题""评估城市""浓度基线""评估种类"），用户可根据自身需求选择内嵌浓度基线；随后对评估参数进行设置，依次选定不同的人口及暴露–反应关系参数值；根据研究需求选择对应暴露数据期限后，系统将自动评估当前设定条件下的超额死亡风险水平，并产出相关图表（图 2-9）。

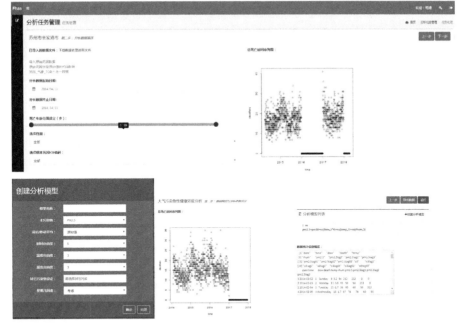

图 2-8　暴露–反应关系自动化计算工具模块界面

图 2-9　WHO 风险评估工具参数设置界面

　　美国 EPA 四步法评估工具：该功能支持自动关联分析某地区饮用水、土壤及空气 $PM_{2.5}$ 成分等环境暴露因素导致的健康风险水平；用户可按照需求选择评估的"地理位置""统计日期"，对关注的介质和污染物质的健康风险进行评估。目前平台提供的风险评估按照水、空气和土壤这三种介质分类，能够实现对经口摄入、经呼吸摄入、经皮肤吸收三种途径的化学污染物质致癌与非致癌健康风险评估（图 2-10）。

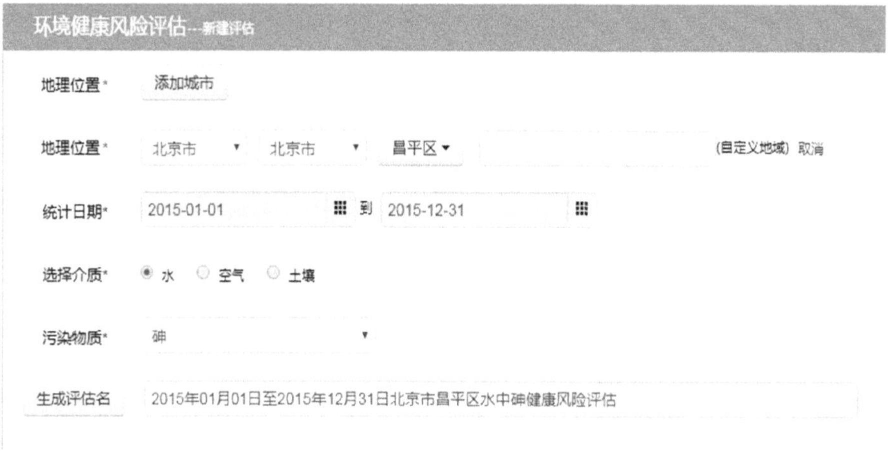

图 2-10　EPA 四步法评估工具模块界面

g. 系统环境健康风险可视化功能

大气污染健康风险评估可视化：大气污染健康风险评估可视化可实现风险可视化和统计分析。用户可按照健康结局分类、研究区域和研究日期对大气污染健康风险进行评估。该界面可自动按照用户需求可视化风险分布情况，按照省份和城市展示研究区域内从高到低的超额风险死亡人数和对应 $PM_{2.5}$ 浓度，并对不同省（区、市）间的风险进行对比和时段统计（图 2-11）。

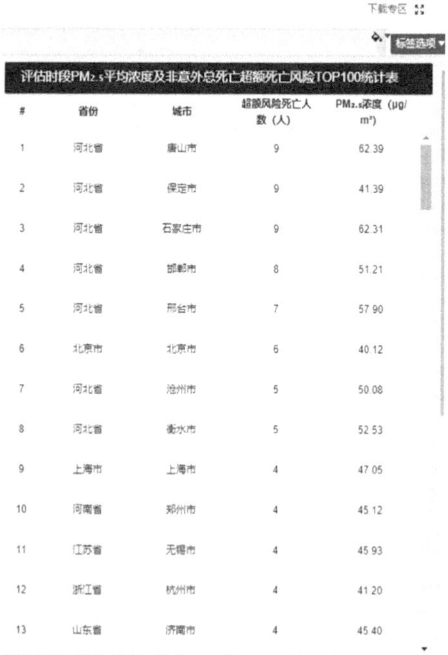
下载专区 标签选项

评估时段 $PM_{2.5}$ 平均浓度及非意外总死亡超额死亡风险TOP100统计表

#	省份	城市	超额风险死亡人数（人）	$PM_{2.5}$浓度（μg/m³）
1	河北省	唐山市	9	62.39
2	河北省	保定市	9	41.39
3	河北省	石家庄市	9	62.31
4	河北省	邯郸市	8	51.21
5	河北省	邢台市	7	57.90
6	北京市	北京市	6	40.12
7	河北省	沧州市	5	50.08
8	河北省	衡水市	5	52.53
9	上海市	上海市	4	47.05
10	河南省	郑州市	4	45.12
11	江苏省	无锡市	4	45.93
12	浙江省	杭州市	4	41.20
13	山东省	济南市	4	45.40

图 2-11　大气污染健康风险评估可视化界面

空气质量健康指数（air quality health index，AQHI）预警平台：AQHI 预警平台提供多种可视化功能，除了展示全国、各省份和重点城市的 AQHI 指数分布情况外，平台还能够按照省份和城市展示某月份的 AQHI 指数排名情况，并能够以折线图的形式直接对比所选城市在所选时间范围内的 AQHI、$PM_{2.5}$、PM_{10}、SO_2、NO_2、O_3 和 CO 的分布情况，其时间分辨率可达到小时（图 2-12）。

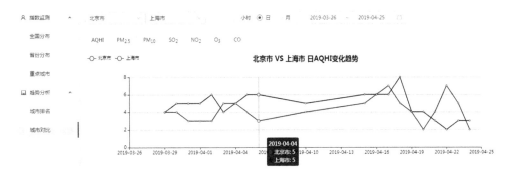

图 2-12　AQHI 预警平台

2）系统权限设置

环境健康综合监测基础平台的数据访问权限设置必不可少，是提高数据利用有效性、保护数据安全性的重要措施。目前权限设置分为两个方面：内部权限和共享权限。从内部权限方面来说，不同级别的用户在环境健康综合监测基础平台能够访问的数据内容不同，级别越高，数据的种类和数量越完整；内部权限的设定可以使得各级用户有效利用数据，提高使用效率。从共享权限方面来说，由于某些数据（尤其是个人健康信息）的机密性，共享用户需要制定严格的数据保护机制、数据脱敏与数据使用协议以确保所交换的信息仅可供授权用户访问；这对于保护数据共享必不可少。

3）系统运行概况

环境健康综合监测以区县为单位收集各区县点位已经积累的环境因素、健康结局和人口相关风险因素共计 18 类数据，同时搭建了集环境与健康数据采集、数据清理、健康风险评估技术工具、可视化以及数据共享等于一体的系统平台。数据采集工作依托系统平台开展。截至 2022 年底，系统已累积 2013～2021 年多区县环境与健康逾 5000 余万海量数据。系统的健康风险评估与预警工具在各省、市级点位上得到较好的应用。

参 考 文 献

班婕，杜宗豪，朱鹏飞，等. 2016. 环境健康综合数据质量核查与评估初步研究——以某市环境健康数据为例. 环境与健康杂志，33（11）：1015-1019.

陈明亭，杨功焕. 2005. 我国疾病监测的历史与发展趋势. 疾病监测，20（3）：113-114.

邓爱萍. 2011. 环境与健康综合监测工作中相关问题探讨. 环境与发展，23（10）：167-168.

窦以文，屈玉贵，陶士伟，等. 2008. 北京自动气象站实时数据质量控制应用. 气象，34（8）：77-81.

杜宗豪，班婕，张翼，等. 2016. 我国环境健康综合监测指标体系建立的初步研究. 环境与健康杂志，33（11）：988-992.

何萍，于广军，李莉. 2010. 数据质量评估在区域医疗信息化中的应用与分析. 中国数字医学，5（3）：53-55.

李萱，刘文佳，沈晓悦，等. 2013. 我国环境与健康管理政策框架研究. 环境与健康杂志，30（6）：541-545.

马晓晓，方土，王中伟，等. 2010. 我国环境监测现状分析及发展对策. 环境科技，23（A2）：132-135.

苏杨，段小丽. 2010. 建立环境与健康风险管理制度. 中国发展观察，11：26-28.

王朝兴. 2004. 环境卫生回顾及展望. 环境与健康杂志，21（1）：27-28.

许涤龙，叶少波. 2011. 统计数据质量评估方法研究述评. 统计与信息论坛，26（7）：3-14.

中国疾病预防控制中心. 2011. 2011 年全国农村环境卫生监测项目技术方案. http://www.chinacdc.cn/jkzt/hjws/hjws/201111/t20111117_54775.html [2017-5-6].

Ban J，Du Z，Wang Q，et al. 2019. Environmental health indicators for China：Data resources for Chinese environmental public health tracking. Environmental Health Perspectives，127（4）：044501.

Ban J，Xu D，He M Z，et al. 2017. The effect of high temperature on cause-specific mortality：A multi-county analysis in China. Environment International，106：19-26.

Cao J，Yang C，Li J，et al. 2011. Association between long-term exposure to outdoor air pollution and mortality in China：A cohort study. Journal of Hazardous Materials，186：1594-1600.

Chen X，Zhang L，Huang J，et al. 2016. Long-term exposure to urban air pollution and lung cancer mortality：A 12-year cohort study in Northern China. Science of the Total Environment，571：855-861.

Gasparrini A，Guo Y，Hashizume M，et al. 2015. Mortality risk attributable to high and low ambient temperature：A multicountry observational study. The Lancet，386（9991）：369-375.

Gray H，Schornack D. 2002. Environmental public health surveillance for healthy environments. Candian Jouranl of Public Health，93（S1）：S4.

Lai H K，Tsang H，Wong C M. 2013. Meta-analysis of adverse health effects due to air pollution in Chinese populations. BMC Public Health，13：360.

Lauriola P，Crabbe H，Behbod B，et al. 2020. Advancing global health through Environmental and Public Health Tracking. International Journal of Environmental Research and Public Health，17：1976.

Lee L M，Thacker S B. 2011. Public health surveillance and knowing about health in the context of growing sources of health data. American Journal of Preventive Medicine，41（6）：636-640.

Litt J，Tran N，Malecki K C，et al. 2004. Identifying priority health conditions，environmental data，and infrastructure needs：A synopsis of the pew environmental health tracking project. Environmental Health Perspectives，112（14）：1414-1418.

Liu J，Diamond J. 2005. China's environment in a globalizing world. Nature，435：1179-1186.

Liu S，Wu X，Lopez A D，et al. 2016. An integrated national mortality surveillance system for death registration and mortality surveillance，China. Bulletin of the World Health Organization，94：46-57.

Qian Z，Liang S，Yang S，et al. 2016. Ambient air pollution and preterm birth：A prospective birth cohort study in Wuhan，China. International Journal of Hygiene and Environmental Health，219：195-203.

Spengler R F，Falk H. 2002. Future directions of environmental public health research：ATSDR's 2002—2010 agenda for six priority focus areas. International Journal of Hygiene and Environmental Health，205（1-2）：77-83.

Strosnider H，Zhou Y，Balluz L，et al. 2014. Engaging academia to advance the science and practice of environmental public health tracking. Environmental Research，134：474-481.

Talbot T O，Haley V B，Dimmick W F，et al. 2009. Developing consistent data and methods to measure the public health impacts of ambient air quality for environmental public health tracking：Progress to date and future directions. Air Quality Atmosphere and Health，2（4）：199-206.

The Pew Environmental Health Commission. 2000. America's Environmental Health Gap Why the Country Needs a Nationwide Health Tracking Network. http://healthyamericans.org/reports/files/healthgap.pdf[2019-12-20].

U.S. CDC. 2015. National Environmental Public Health Tracking：About the Program. http://www.cdc.gov/nceh/tracking/about.htm[2015-7-30].

U.S. Department of Health and Human Services. 2015. Public Health conceptual data model. http://stacks.cdc.gov/view/cdc/12419/cdc_12419_DS1.pdf[2015-07-31].

U.S. Department of Health and Human Services. 2016. Health people 2020. https://www.usa.gov/federal-agencies/u-s-department-of-health-and-human-services[2022-5-15].

Vaidyanathan A，Dimmick W F，Kegler S R，et al. 2013. Statistical air quality predictions for public health surveillance：Evaluation and generation of county level metrics of $PM_{2.5}$ for the environmental public health tracking network. International Journal of Health Geographics，12：12.

Wang R，Xue D，Liu Y，et al. 2018. The relationship between air pollution and depression in China：Is neighbourhood social capital protective. International Journal of Environmental Research and Public Health，15（6）：1160-1172.

Wang Y，Eliot M N，Koutrakis P，et al. 2014. Ambient air pollution and depressive symptoms in older adults：Results from the MOBILIZE Boston study. Environmental Health Perspectives，122（6）：553-558.

Wijnhoven T M A，Van Raajj J M A，Sjöberg A，et al. 2014. WHO European childhood obesity surveillance initiative：School nutrition environment and body mass index in primary schools. International Journal of Environmental Research and Public Health，11(11)：11261-11285.

Zhou M，Wang H，Zhu J，et al. 2016. Cause-specific mortality for 240 causes in China during 1990—2013：A systematic subnational analysis for the Global Burden of Disease Study 2013. The Lancet，37（10015）：251-272.

Zhou Y，Jerrett M. 2014. Linking exposure and health in environmental public health tracking. Environmental Research，134：453-454.

第3章 环境健康风险评估

3.1 环境健康风险评估研究进展

3.1.1 环境健康风险评估的必要性

环境健康问题是世界性的问题，WHO（2006）报告显示发达国家和发展中国家均有较大的可归因于环境污染的非传染性疾病负担。人群以不同暴露方式和暴露时间暴露于各类环境因素时，其健康风险存在差异（EPA，1992，2005a），环境健康风险的定量化，对于制定科学的政策和标准及采取有针对性的干预措施以保护人群健康非常必要。

环境健康风险评估是基于已有的暴露–反应关系和相关的暴露数据，将环境危害因素的人群健康风险进行定量化，其主要任务是评估空气污染、水污染、土壤污染、气候变化等环境因素对人群健康造成的影响程度，对健康相关的其他影响进行评价。风险评估是为风险管理而服务的，基于环境健康风险评估的结果，一方面可以有针对性地实施科学有效的健康干预措施；另一方面综合其他管理要素，如政治、经济、法律等信息，可以将风险评估的结果转化为相关的政策，对环境健康风险实施有效的管理（The Royal Society，1992）。美国及欧洲等发达国家和地区近50年在环境健康风险评估及管理方面的经验显示，应用环境健康风险评估的方法可有效地促进政策的制定及实施工作，并能最大限度地保护公众健康，有效地降低环境污染对人群造成的健康风险。

目前，国际上广泛采用的环境健康风险评估方法体系是以EPA经典"四步法"为主的健康风险评估体系，该体系以致癌风险（Risk或CR）表征致癌效应风险，以危害商（HQ）表征非致癌效应风险。

3.1.2 环境健康风险评估主要研究进展

美国EPA经典"四步法"是目前国际上广泛采用的环境健康风险评估方法体系之一。基于暴露评估及暴露–反应关系的毒理学数据，通过风险表征进行健康风险的定量化。EPA的健康风险评估体系主要考虑致癌效应和非致癌效应，以致癌风险和危害商分别表征致癌效应风险和非致癌效应风险。EPA的健康风险评估体系较为具体，适用于评估国家或区域范围的环境健康风险，或者用于评估某一环境污染事件造成的健康影响，在进行大范围多区域的健康风险评估时该体系略显不足，此外该体系在评估化学污染物对人体所造成的健康危害方面得到了较好的应用，但是在评估物理、生物、辐射等环境危险因素方面使用较少。

1. 美国 EPA 经典环境健康风险评估体系

环境健康风险评估是由 20 世纪 40 年代开始使用的环境辐射标准制定方法引申出来的一种评估技术。1983 年美国国家科学院颁布了题为《联邦政府风险评估：管理过程》的报告，提出了人群健康风险评估的经典模型，该模型提出了风险评估"四步法"（图 3-1），即危害识别、剂量-反应评估、暴露评估和风险表征。危害识别是基于毒理学和流行病学等相关资料，通过搜集文献资料、采集少量环境样品识别具有潜在健康影响的污染物，并定性评价污染物对人群健康是否存在可能的危害；剂量-反应评估是通过人群流行病学研究或动物实验等资料确定污染物适合人体的剂量-反应关系曲线，并由此得到人群在给定暴露剂量下的毒理学数值；暴露评估是根据暴露途径、暴露浓度和暴露参数等数据，定量估算污染物暴露剂量；风险表征是综合危害识别、剂量-反应评估和暴露评估的信息，描述人群健康风险的性质（即致癌效应、非致癌效应）和大小，并表征不确定性。

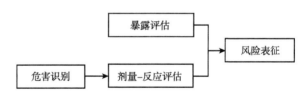

图 3-1　美国 EPA 环境健康风险评估的四个步骤

为了逐步推广环境健康风险评估的技术与方法，美国 EPA 根据此报告颁布了一系列方法、指南、规范等技术性文件，其中较为经典的是 1987 年发布的《危害识别技术导则》（*Guidelines for Hazard Identification*），1992 年发布的《暴露评估导则》（*Guidelines for Human Exposure Assessment*）（EPA，1992），1986 年发布的《化学混合物的健康风险评估导则》（*Guidelines for the Health Risk Assessment of Chemical Mixtures*）（EPA，1986），2000 年发布的《风险表征手册》（*Risk Characterization Handbook*）（EPA，2000），2003 年发布的《累积风险评估框架》（*Framework for Cumulative Risk Assessment*）（EPA，2003），2005 年发布的《致癌风险评估导则》（*Guidelines for Carcinogen Risk Assessment*）（EPA，2005a）。EPA 不断根据最新的研究结果更新其评估方法，近几年来该剂量-反应

评估方法最大的更新就是调整了吸入途径的毒理学参考数据，将吸入途径的毒理学参考数据由原来的 RfD（非致癌效应的参考剂量）和 SF（致癌效应的斜率因子）更新为 RfC（参考浓度）和 IUR（吸入单位风险），同时 EPA 基于毒理学参数的变化调整了暴露评估和风险表征的算法，于 2019 年更新了《暴露评估导则》（EPA，2019）。EPA（1992，2002）一直强调不确定性分析对于评估结果非常重要，省略或者低估评估的不确定性将会误导决策者过于信任评估结果；过高估计评估的不确定性将会导致风险管理措施的延迟实施。EPA（2000，2003，2005b）的风险评估导则均包含不确定性的相关内容。此外，该评估体系需要基于大量的毒理学和流行病学资料以及海量的暴露参数等相关数据，1985 年 EPA 国家环境评估中心（National Center for Environmental Assessment，NCEA）和研究与发展办公室（Office of Research and Development，ORD）建立了综合风险信息系统（Integrated Risk Information System，IRIS），统一用于风险评估的毒理学数据，目前该数据库开源提供 550 余种污染物的毒理学数据，该综合风险信息查询系统还会根据新的研究结果不断更新数据，类似的查询系统还有美国毒物和疾病登记署（ATSDR）的有害物质最低风险水平清单（List of Minimal Risk Levels for Hazardous Substances，MRLs List）；EPA、ORD 和 NCEA 为了夯实暴露和风险评估的科学基础，还设立了暴露参数项目用于开发工具和数据库，该项目通过科学抽样和大量暴露参数调查于 1989 年发布了第一版《美国人群暴露参数手册》（*Exposure Factors Handbook*），并于 1997 年和 2011 年进行了两次更新，于 2008 年发布了《美国儿童暴露参数手册》（*Child-specific Exposure Factors Handbook*），为美国开展当地的健康风险评估工作奠定了重要的基础，然而暴露参数具有一定的地域特性和人种特性，一般不推荐直接借鉴国外的暴露参数进行本国的暴露评估工作。该风险评估体系在全世界获得了广泛认可，并奠定了环境健康风险评估这一方法体系的科学性。许多国际机构与组织也相继颁布了自己的风险评估相关的规范、准则，并逐步建立了自己的风险评估基础数据库，使该风险评估技术迅速发展并在世界范围内得到广泛的应用。目前，国际癌症研究机构（International Agency for Research on Cancer，IARC）（2015）的最新审查提供了超过 100 种致癌物的最新相关信息；欧盟（ECJRC，2014）和韩国（Ministry of Environment of Korean，2007a，2007b）基于大规模系统的调查研究、实验研究，同时结合大量的统计资料形成了权威性暴露参数手册，这些暴露参数手册为各国开展环境健康风险评估工作奠定了非常重要的基础。

目前，我国已经开始陆续发布基于美国 EPA 风险评估体系的相关标准、导则或技术规范，但是缺乏相关的毒理学数据库，因此主要是借鉴国外的数据开展相关的危害识别及剂量–反应评估工作；关于暴露评估所用的暴露参数，我国先后发布了《中国人群暴露参数手册（成人卷）》《中国人群暴露参数手册（儿童卷：0～5 岁）》《中国人群暴露参数手册（儿童卷：6～17 岁）》（环境保护部，2013a，2016a，2016b），此外中国疾病预防控制中心也于 2013 年启动了"空气污染对人群健康影响监测"项目的人群出行模式调查工作，该项目调查与空气污染相关的 5 类大环境、7 种微环境的停留时间，调查人群包括全人群，依据该调查结果可以对全人群的空气污染健康风险进行较为准确的评估。

2. 基于 EPA 体系的复合暴露的综合健康风险评估

暴露情景有单一暴露和复合暴露两种，单一暴露即单种污染物、单一介质、单一途径的暴露；复合暴露分为蓄积性暴露（aggregate exposure）和累积性暴露（cumulative exposure），蓄积性暴露是人体多途径接触某污染物后发生相互作用的情景，累积性暴露是人体单一途径接触多种污染物相互作用的情景（Lewandowski，2009）。早期的 EPA 环境健康风险评估大多只考虑了单一暴露的健康风险（EPA，1992），而实际的健康风险评估工作往往为复合暴露（Georgopoulos et al.，2008）。如何评估多介质、多暴露途径的蓄积性健康风险以及多污染物的累积性健康风险，对于综合评估健康风险工作至关重要。

1）基于 EPA 体系的多介质综合环境健康风险评估

1996 年由 EPA 组织的食品安全保护行动(Food Quality Protection Act of 1996，FQPA)将关注重点从单一介质暴露的健康风险评估转向了多介质蓄积性健康风险评估。近年来，国际上针对多介质多暴露途径综合健康风险评估开发了一些模型。EPA（2007）开发了整体暴露吸收生物动力学模型（integrated exposure uptake biokinetic，IEUBK），并利用该模型基于不同环境介质中的铅浓度评估了美国 0～6 岁儿童铅暴露的血铅浓度，该模型是 EPA 较早开发的蓄积性风险评估模型，只适用于儿童，而且只能模拟人群水平上的健康风险，不能精确到个体水平。EPA 随后开发了人群暴露剂量随机模拟模型（stochastic human exposure and dose simulator，SHEDS）用于评估多暴露途径的化学物质暴露，Zartarian 等（2012）使用 SHEDS 模型定量评估了美国 3～5 岁儿童饮食和居住环境多途径的二氯苯醚菊酯暴露，该模型采用蒙特卡罗法（Monte Carlo Approach，MCA）通过相关变量输入预测人群暴露的概率评估，然后再根据总暴露量进行综合健康风险评估。该模型的优点在于可以进行概率评估，还可以评估暴露随时间的变化，在发生季节变化或者浓度变化时该优点表现得更为明显，缺点是该模型仅能纳入有限数量的暴露途径，还不能评估全部的蓄积性暴露健康风险。基于 SHEDS 模型，EPA 又开发了 MENTOR-4M 模型（modeling environment for total risk studies-multiple co-occurring contaminants and multimedia, multipathway, multiroute exposures）。Georgopoulos 等（2008）利用 MENTOR-4M 模型评估了砷的蓄积性健康风险，该模型通过连接多个数据库以及多个模型，输出不同尺度的蓄积性健康风险。该模型在多介质、多暴露途径的蓄积性风险评估中表现出了很大的优势，是目前较为先进的一种模型。国内也有关于多介质、多暴露途径的蓄积性健康风险评估的报道，李新荣等（2009）以 EPA 的多途径–多介质暴露模型为框架，定量评估了北京地区人群多环芳烃的暴露及综合健康风险，秦晓蕾等（2011）也采用类似的方法评估了典型人群暴露多环芳烃的综合健康风险，但是目前国内的研究大多采用不同暴露途径健康风险直接加和的方式评估蓄积性暴露的健康风险，与国际上先进的模型技术相比差距较大。

2）基于 EPA 体系的多污染物健康风险评估结果的整合

多污染物健康风险评估结果的整合远远比单一暴露的风险评估工作复杂，其原因主要有两个：一是累积健康风险的评估需要基于一定的假设；二是污染物的药代动力学或药效学会发生相互作用（Rider and Simmons，2015）。1986 年 EPA 发布了《化学混合物的健康风险评估导则》，对多种污染物同时暴露的累积性健康风险评估工作进行了规范，2000 年 EPA 又发布了《化学混合物健康风险评估的补充导则》（*Supplementary Guidance for Conducting Health Risk Assessment of Chemical Mixtures*）（EPA，2000），2003 年 EPA 发布了《累积风险评估框架》（*Framework for Cumulative Risk Assessment*）（EPA，2003），用于规范多污染物的累积性健康风险评估，报告明确了由于研究还不够充分，该报告仅仅是累积风险评估框架而不是导则，在今后的工作中还应不断完善多污染物累积性健康风险的评估工作。Lee 等（2005）评估了韩国废弃金属矿区 As、Cd、Cu 和 Zn 四种重金属的人群健康风险，该研究对于非致癌累积风险的评估采用的是单污染物健康风险危害商（hazard quotient，HQ）直接加和的方法，Feron 等（2004）的研究也报道了同样的方法。Filipsson 等（2003）采用分离点指数（point of departure index，PODI）为评估指标、帕尔马欧洲食品安全局（Parma European Food Safety Authority）（EFSA，2006）分别采用暴露边界（margin of exposure，MOE）和毒性当量因子（toxic equivalence factor，TEF）为指标，计算混合污染物的毒性当量（toxic equivalence，TEQ）即为累积性健康风险，但其主要还是基于简单加和的方式评估累积性健康风险。Teuschler 等（2004）报道了饮用水中多种消毒副产物累积健康风险评估的累积相对毒效因子（cumulative relative potency factors，CRPF）法，方法的原理与毒性当量因子法类似，均是选择指示化学物作为参照，计算其他化学物质毒性相对于指示化学物毒性的系数，不同的是 CRPF 法需要根据化学物质是否具有遗传毒性对其进行分组，分组计算风险然后再加和。Howd 和 Fan（2008）编写的 *Risk Assessment for Chemicals in Drinking Water* 中也将该方法应用于 EPA 的饮用水中消毒副产物的累积性健康风险评估。然而 CRPF 法关于经口摄入途径的累积健康风险评估较为成熟，受数据可得性的限制，目前较少应用于吸入途径、皮肤接触等其他暴露途径的累积性健康风险评估。因此，目前的研究，尤其对于致癌效应的累积性健康风险，除非有明确的证据显示多种致癌物质具有交互作用，否则各种致癌物质均以各自计算其致癌风险后，再加和为总致癌风险。不同的污染物之间可能产生协同、相加、独立或者拮抗的联合作用，采用直接加和的方式评价多污染物的累积性健康风险可能并不准确，一方面需要加强不同污染物联合效应的毒理学研究；另一方面可以基于现有的毒理学数据基础开发出一些新的模型，用于已明确联合作用的污染物之间的累积性健康风险评估。

目前，我国在使用模型进行复合暴露的健康风险评估方面刚刚起步，可以借鉴国际上已经发展的技术方法和成功经验，立足我国实际，基于相关数据和信息，引进先进的复合暴露健康风险评估方法，开发出适用于我国的复合暴露健康风险评估模型，并构建相关的数据库，来支撑模型运行。同时还应制定系统的技术框架，便于统一规范、积极有效地开展复合暴露的综合健康风险评估工作。

3. 风险评估中的不确定性评估问题

风险评估伴随着一定的不确定性，不确定性的存在使得对给定变量的大小和出现的概率不能做出最好的估算，或者说评估结果的可信度不能保证（Ramsey，2009），省略或者低估评估的不确定性将会误导决策者过于信任评估结果；过高估计评估结果的不确定性将会导致风险评估或者风险管理措施的延迟实施（EPA，2005a）。然而目前大量风险评估研究缺乏不确定性的评估，进而影响了风险评估结果在风险管理中的应用（EPA，2003）。不断加强在风险评估中不确定性评估的研究，是提升风险评估科学性的需要，也是依据风险评估结果科学制定政策和有效实施干预措施的需要。目前不确定性评估的方法主要有定性讨论和定量评估两大类。

定性讨论是对评估不确定性及其来源进行定性的描述和讨论。不确定性和变异是两个不同的概念，不确定性可以因改变方法体系而变小，变异则不会因此而改变，一个好的不确定性评估必须对不确定性和个体变异进行区分和处理（EPA，2003），在进行累积性暴露的风险评估时应分开处理每一种污染物的不确定性和个体变异性（EPA，2003），一个很好的风险评估报告还应包括充分的不确定性分析，包含评估变量的不确定性特征和程度、降低不确定性的可能性以及获得认可的程度（Levin，2006）。目前，国际上有不少的研究报道采用定性讨论的方法，Kan 和 Chen（2004）以及李湉湉等（2013）在对环境健康风险评估的研究中，较规范地对模型模拟、参数选择等不确定性进行了详细的定性描述。定性讨论虽然只能对不确定性及其来源进行定性描述，但对于健康风险评估结果的科学利用仍然具有非常重要的参考意义，尤其是当无法采用定量的方法评估不确定性时，定性讨论则显得尤为重要。

定量评估不确定性的方法主要有两类，一类是经验法，另一类是模型模拟法。定量评估是进行危害、暴露以及风险评估的不确定性评估时应优先选择的方法，并对不同来源的不确定性进行量化（Ramsey，2009）。EPA（2005a）发布的"Guidelines for Carcinogen Risk Assessment"专门对剂量–反应评估中的模型不确定性和参数不确定性分析以及人群变异不确定性进行了评估说明，导则推荐采用概率风险评估（probabilistic risk assessment）的方法对暴露评估中的人群变异和平均每日接触浓度或剂量的不确定性进行评估。该方法是经验法的一种，当对剂量–反应关系的重要参数和参数之间的关系有较好的理解时，概率风险评估还可以用于剂量–反应关系不确定性的评估，也可用于风险表征不确定性的评估，该方法使用范围较广，还可以用于评估每一个评估步骤的不确定性，且相对于模型模拟法来讲操作比较简单，因此概率风险评估是目前被较多采用的一种方法。模型模拟法相对于经验法来讲可以提供更多的信息，因此是目前较为主流的一种方法，Babonneau 等（2012）结合随机优化（combining stochastic optimization）和蒙特卡罗法对气候政策评估中的不确定性进行了处理，该方法属于模型模拟法的一种，运用 MCA 可以得到合理的概率分布区间，提供给决策者更多的信息，MCA 的不足之处是评价过程比较复杂，EPA 趋向于应用 MCA 的概率技术，研究不同概率情况下的事件发生后果，给环境风险管理者提供更为广泛的参考（王永杰等，2003）。

目前国内外的健康风险评估研究大多缺乏对不确定性进行评估或者评估不确定性不够科学、不够充分，今后的工作中，一方面应加强不确定性评估的新方法的研究和新模型的开发；另一方面应在报道评估结果的同时重视科学评估不确定性，更加客观地评价风险评估结果的科学性，并形成权威的不确定性评估标准或者指南，用于规范风险评估中的不确定性评估。

4. 风险评估工作所需基础参数的构建

环境健康风险评估工作的开展需要基于一定的基础数据，危害识别和剂量–反应评估所需的毒理学数据、暴露评估所需的暴露参数数据、期望寿命损失评估所需的人口统计学数据、健康经济损失评估所需的各种经济学指标等数据是开展环境健康风险评估必要的基础参数，基础参数的构建是进行环境健康风险评估工作的重要基础，也是各国的研究热点。

在毒理学数据方面，EPA 基于人群流行病学资料、动物实验、体外试验的毒理学数据构建了用于危害识别和剂量–反应评估所需的数据库——美国的综合风险信息查询系统（IRIS，2020），类似的还有美国毒物和疾病登记署的 MRLs List（ATSDR，2020）。在 EPA 的环境健康风险评估方法中，将人体健康危害效应分为癌症效应和非癌症效应，国际癌症研究机构（IARC）依据现有的危害性研究结果将化学物质分为致癌物和非致癌物，依据证据的不确定度，又将化学物质分为人类致癌物（1 级）、很可能的人类致癌物（2A 级）、可能的人类致癌物（2B 级）、难以分级（3 级）和无致癌性（4 级）几种等级。IARC 认为，人群流行病学调查资料不会存在研究对象与人类种属方面的差异，因此是最有说服力的证据；体外试验可作为判断对机体有无致癌、致畸、致突变可能性的辅助资料；动物实验需要考虑动物与人存在种属差异，动物实验研究结果外推至人体时存在着一定的不确定性。目前，IARC（2020）提供了 970 余种化学污染物的危害识别和危害性确定信息。类似的组织/机构还有欧洲经济共同体（European Economic Community，EEC），EEC 主要侧重职业暴露情况下的环境污染物的接触限值水平。

在暴露参数方面，EPA 基于科学的抽样和大量的暴露参数调查构建了进行暴露评估所需的基础参数（EPA，2011），其中包括人群不同暴露途径的暴露时间、暴露频次、呼吸速率和人体学特征等参数，可以用于不同暴露途径的暴露评估和健康风险评估。欧盟、日本、韩国等组织或国家也非常重视基础参数的构建工作，参照 EPA 的暴露参数调查方法，基于大量的调查形成了暴露参数手册用于环境健康风险评估工作。我国环境保护部于 2013 年也发布了《中国人群暴露参数手册（成人卷）》、2016 年发布了《中国人群暴露参数手册（儿童卷：0～5 岁）》和《中国人群暴露参数手册（儿童卷：6～17 岁）》；中国疾病预防控制中心也于 2013 年启动了"空气污染对人群健康影响监测"项目的人群出行模式调查工作，该项目调查与空气污染相关的 5 类大环境、7 种微环境的停留时间，调查人群包括全人群和小学生，依据该调查结果可以对全人群和小学生的空气污染健康风险进行较为准确的评估。目前，我国的环境健康风险评估所需的基础数据构建刚刚起步，在未来的工作中还应加强，继续开展已有基础数据的监测和收集，不断启动新的调查及补充相关的数据空白，加强对相关基础参数数据的整合，重视质量控制工作，系统构建高质量的环境健康风险评估基础参数数据库。

其他基础参数方面，人群健康效应终点的基线水平、人口统计学数据以及经济学指标等也是环境健康风险评估的必要数据，全球范围内大多数国家的这些信息是可以开源获得的。美国的人口普查局（Bureau of the Census，2020）官方网站提供了关于美国的国家和地区人口及经济等方面的数据，包括人口数量、经济指标、美国商业统计、工业报告等；欧洲统计局则依赖于欧洲统计系统的工作网络，定期在其官方网站上发布经济、环境、公共健康等方面的统计数据；我国也建立了国家级、省级、市级等多级别的统计机构，形成了多级别的完备的统计系统，每年都会发布中国统计年鉴、各省统计年鉴以及各市统计年鉴等，相关的人群健康效应终点基线水平、人口统计学数据以及经济学指标等均可通过查阅统计年鉴获得。

目前，我国的环境健康风险评估基础参数构建工作尚不完善，没有基于我国人群的毒理学数据库，因此还只能借鉴国际权威机构的毒理学数据库开展相关工作，在暴露参数调查方面还不够全面和细致。在今后的工作中，应加强我国人群的毒理学研究，构建我国人群的毒理学数据库，此外还需要进一步开展全面、系统、连续的暴露参数调查，不断完善和细化我国的暴露参数，最终形成用于我国人群环境健康风险评估的综合数据库。

3.2 化学物质单一暴露健康风险评估方法

在风险评估领域，风险被人们普遍认同的含义是某种危害发生的可能性或概率，以及发生这种危害对造成的后果的影响程度。环境健康风险评估主要结合三方面信息：一是由化学污染物质引起的不良健康反应的类型和强度；二是由实验室动物实验或人体实验得出的引起不良健康反应的污染物质暴露量（剂量）的估算值；三是从污染源得到的人体暴露浓度的估算值。基于这些信息，通过危害识别、剂量–反应评估、暴露评估及风险表征四个步骤，可以估算暴露在化学污染物质中所引起的不良健康反应的风险。不可否认，环境健康风险评估提供的健康风险的估算方法具有一定的不确定性，且不可避免。但是，它是目前为止用于评估化学污染物对人体所造成的健康危害最好的工具及方法。

化学物质环境健康风险评估主要包括危害识别、剂量–反应评估、暴露评估和风险表征四个内容，主要评估空气、水体、土壤等环境介质中的化学物质经口摄入途径、吸入途径及皮肤接触途径暴露的致癌风险与非致癌风险。其流程框架如图 3-2 所示。

3.2.1 危害识别

危害识别是环境健康风险评估"四步法"的第一个步骤。EPA 定义危害识别为识别能够导致不利健康影响的各种暴露，并描述不同暴露的浓度和强度特征，主要任务是基于环境介质中化学物质的分布特征和人群暴露模式等信息，判定是否需要启动后续健康风险评估。危害识别流程主要包括以下步骤：有害化学物质识别，暴露信息获取以及健康风险评估启动判定，具体流程见图 3-3。

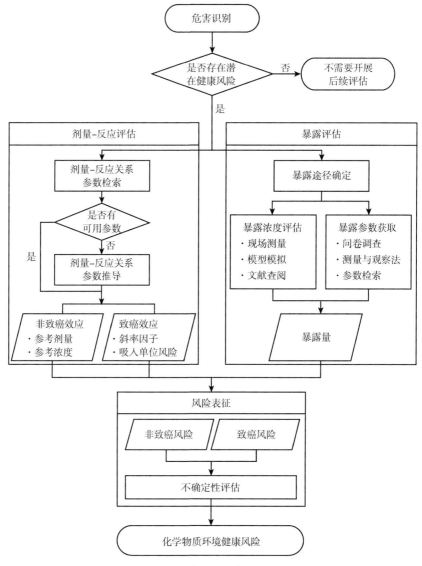

图 3-2　化学物质环境健康风险评估流程

1. 有害化学物质识别

根据环境监测、现场调查等方法获取化学物质时空分布特征，结合我国现行有毒有害化学物质名录（可参考但不限于表 3-1），化学品管理机构化学物质信息查询系统，以及流行病学研究、临床试验研究、动物实验等研究证据（可参考但不限于表 3-2），初步识别有害的化学物质。

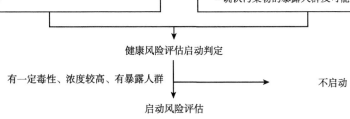

图 3-3　危害识别的流程

表 3-1　我国现行有毒有害化学物质名录

有毒有害化学物质名录	发布单位	颁布年份	网址
中国禁止或严格限制的有毒化学品名录（第一批）	国家环境保护总局	1999	http://www.mee.gov.cn/ywgz/gtfwyhxpgl/hxphjgl/ydhxpjck/201604/t20160424_336067.shtml
关于发布《优先控制化学品名录（第一批）》的公告	环境保护部、工业和信息化部、国家卫生和计划生育委员会	2017	http://www.mee.gov.cn/gkml/hbb/bgg/201712/t20171229_428832.htm
关于发布《中国严格限制的有毒化学品名录》（2018 年）的公告	环境保护部、商务部、海关总署	2017	http://www.mee.gov.cn/gkml/hbb/bgg/201712/t20171222_428499.htm
关于印发《中国严格限制的有毒化学品名录》（2020 年）的公告	生态环境部	2019	http://www.mee.gov.cn/xxgk2018/xxgk/xxgk01/201912/t20191231_756318.html
关于发布《有毒有害大气污染物名录（2018 年）》的公告	生态环境部、国家卫生健康委员会	2019	http://www.mee.gov.cn/xxgk2018/xxgk/xxgk01/201901/t20190131_691779.html
关于发布《有毒有害水污染物名录（第一批）》的公告	生态环境部、国家卫生健康委员会	2019	http://www.mee.gov.cn/xxgk2018/xxgk/xxgk01/201907/t20190729_712633.html

表 3-2　化学物质的毒性信息数据库

毒性信息数据库	网址
综合风险信息系统（IRIS）	https://www.epa.gov/iris
健康影响评估汇总表（HEAST）	https://epa-heast.ornl.gov/
EPA 标准文件（EPA criteria documents）	https://www.epa.gov/
ATSDR 的有害物质最低风险水平清单（MRLs List）	https://wwwn.cdc.gov/TSP/MRLS/mrlsListing.aspx

此外，IARC、EPA、EEC 等国际权威机构依据现有的危害性研究结果将化学物质分为致癌物和非致癌物，依据证据的不确定度，又分别将化学物质分为四级、六级和三级水平，详见表 3-3。可以基于这些权威机构的数据进行健康危害效应判断。

表 3-3 国际机构对化学物质按照致癌性不同的分级

类别	IARC	EPA	EEC
一	人类致癌物（1 级）	人类致癌物（A 级）	人类致癌物（1 级）
二	很可能的人类致癌物（2A 级）	很可能的人类致癌物（B1 级）	可能对人致癌（2 级）
三	可能的人类致癌物（2B 级）	很可能的人类致癌物（B2 级）	可疑的致癌物（3 级）
四	人类致癌性尚无法分类物质（3 级）	可能的人类致癌物（C 级）	—
五	—	难以分级（D 级）	—
六	—	无致癌性（E 级）	—

然而目前的研究结果非常有限，很多污染物的健康危害尚不明确，对这些污染物进行健康效应识别时，可以通过流行病学、临床试验和动物实验研究等方法，确定污染物与健康效应是否存在关联。流行病学研究是基于人群基础开展的研究，可直接反映人群暴露后所产生的有害健康影响特征，不需要进行种属的外推，是危害识别中最有说服力的证据。然而这种方法也存在一定的局限性，如很难找到合适的现场来研究需要确定的问题，对于发病率很低的疾病需要大样本量的人群才能说明问题等。临床试验研究可以严格控制人体临床试验，可为环境中某种化学物质导致的健康效应提供有力的证据，可作为判断对机体有无致癌、致畸、致突变可能性的辅助资料。但是，因涉及伦理学，这类人体环境健康危害临床试验研究经常无法实施。当基于人体的研究和实验无法实施时，可以利用动物（老鼠、兔子、猴子等）开展相关研究，该方法实验条件可控，可以较为确切地反映各种特定条件下所产生的特定的健康效应，容易得出毒性的暴露–反应关系曲线。但是研究结果需要考虑动物与人存在种属差异，动物实验研究结果外推至人体时存在着一定的不确定性。

2. 暴露信息获取

分析化学物质在环境介质中的释放过程和传输路径，获取化学物质的主要来源、路径和波及范围等信息，定性描绘人群暴露方式。

进行环境污染物识别时必须调查与该物质相关的化学结构与理化特性，有关用途、使用方式与范围，能否发生化学反应或转化为毒性更强或较弱的衍生物等方面的资料，才能够了解该物质是否会引起致癌反应或其他健康危害效应。除了直接对污染物进行识别外，有时还需要对污染物的衍生物和代谢产物进行识别。

识别的方法主要有现场调查法、现场监测法和文献法三种。现场调查法是指通过实地调查收集环境中可能存在的化学污染物及其相关的暴露信息开展污染物识别，根据现场的实际污染情况，对可能产生的污染源及其中间产物等进行识别并列出清单，基于污染物的理化性质及暴露方式和毒性资料，确定最终需要开展健康风险评估的污染物，继而开展下一步的监测与健康风险评估。现场监测法是依据既往监测与研究结果，筛选出其中已存在或可能存在的化学污染物，确定风险评估的污染物种类与数量，并进一步收集其相关的暴露信息。文献法是借鉴既往报道的相关研究结果或者相关文献已经确定的污染物，探索性地对需评估的水体环境、土壤环境、大气环境中可能存在的化学污染物进行识别和评估。有时候为了获取更加全面而准确的信息，需要将三种方法综合应用。

3. 健康风险评估启动判定

整理有害污染物识别信息和暴露信息，分析人在污染物暴露下可能受到健康危害的情景，判定是否需要针对某一化学物质进一步开展全面的健康风险评估，以及是否有必要对该化学物质的健康风险进行优先评估。对于浓度水平较高、有一定毒性且存在潜在人群暴露的污染物应进一步开展全面的定量健康风险评估；对于浓度水平很高、毒性较大且存在潜在人群暴露可能性的物质，应优先开展定量健康风险评估工作。

3.2.2 剂量－反应评估

剂量－反应评估是环境健康风险评估"四步法"中继危害识别之后的第二个步骤，对于通过危害识别判定存在潜在健康风险的化学物质，通过剂量－反应评估进一步提供定量的毒理学数据，以估算人群健康风险。剂量－反应评估的主要任务是解答在不同的暴露情况下会引起怎样的以及多少健康不良反应。剂量－反应评估包括以下步骤：首先，确认剂量－反应评估所需参数；其次，使用毒性数据库进行毒性信息检索；如果对于评估的化学物质可在毒性数据库中检索到相应的毒性信息，则将毒性信息填入毒性信息汇总表中；如果对于评估的化学物质不能在毒性数据库中检索到其毒性信息，也可检索文献报道中的毒性信息，必要时可进行毒性信息估算，并将估算后的毒性信息填入毒性信息汇总表中（具体流程如图 3-4 所示）。

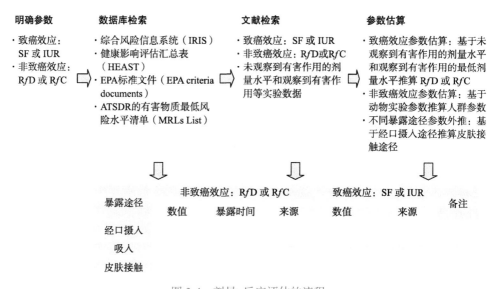

图 3-4　剂量–反应评估的流程

1. 确认剂量–反应评估所需参数

"阈值"是剂量–反应评估的一个重要概念，阈值是指某种化学物质开始产生毒效应的剂量，低于阈值时效应不发生，达到阈值时效应将发生。有阈值化学物质和无阈值化学物质的作用类型不同，计算获得的毒理学系数也不同。有阈值化学物质的毒理学系数为参考剂量（RfD）或参考浓度（RfC），而无阈值化学物质的毒理学系数为斜率因子（SF）或吸入单位风险（IUR）。EPA 视几乎每一种非致癌物都具有不良反应的阈值，属于有阈值化学物质；而几乎每一种致癌物都没有这样的阈值，属于无阈值化学物质。

确认剂量–反应关系参数之前，首先要判定化学物质的毒性作用类型，然后基于化学物质的不同毒性作用类型去确认评估所需的具体剂量–反应关系参数类型。剂量–反应关系参数包括非致癌效应的参考剂量或参考浓度和致癌效应的斜率因子或吸入单位风险。在进行毒性信息检索前，需根据评估目的确认所评估化学物质的健康效应为非致癌效应和/或致癌效应，以及确认评估哪些暴露途径。在进行非致癌效应评估时，还需确认所评估的化学物质的暴露时间长短。不同健康效应、不同暴露途径和不同暴露时间所使用的剂量–反应关系参数不同，具体如下。

1）非致癌效应

表征非致癌效应阈值的参数为参考剂量或参考浓度。根据暴露途径和暴露时间确认特定暴露相关的非致癌效应的参考剂量或参考浓度。

a. 不同暴露途径的参考剂量或参考浓度

（1）经口摄入途径：经口摄入途径的参考剂量是应用于评价化学物质经口摄

入途径非致癌效应的毒性值。其单位一般应为 mg/（kg·d）。

（2）吸入途径：吸入途径的参考浓度是应用于评价化学物质吸入途径暴露非致癌效应的毒性值。其单位一般应为 mg/m^3。

（3）皮肤接触途径：经皮肤接触途径的参考剂量为评价化学物质皮肤接触途径的非致癌效应的毒性值。其单位一般应为 mg/（kg·d）。

b. 不同暴露时间的参考剂量或参考浓度

（1）慢性暴露参考剂量或参考浓度：是人群慢性日均暴露水平的估计值，一般被用于评价与 7 年以上（大约为人类寿命的 10%）的暴露时间相关的可能的非致癌效应。

（2）亚慢性（或短期）暴露参考剂量或参考浓度：在定性评估相对短时间暴露相关的潜在非致癌效应时起着非常重要的作用，一般被用于评价暴露时间为 2 周到 7 年的可能的非致癌效应。

（3）急性暴露参考剂量或参考浓度：一般被用于评价暴露时间为 1 天到 2 周的可能的非致癌效应。

2）致癌效应

致癌效应一般认为不存在阈值。对于致癌效应，需要进行毒性值（即斜率因子或吸入单位风险）和证据权重两部分评估。检索得出的斜率因子或吸入单位风险会附带证据权重信息，因此不在此部分对证据权重进行赘述。不同暴露途径使用不同的斜率因子或吸入单位风险，具体如下。

（1）经口摄入途径：经口摄入途径使用斜率因子评价个体经口摄入污染物后，一生中引起癌症的可能性。经口摄入斜率因子的单位一般为 kg·d/mg。

（2）吸入途径：吸入途径使用吸入单位风险评价个体吸入单位化学物质终生癌症风险。吸入单位风险的单位一般为 m^3/mg。

（3）皮肤接触途径：皮肤接触途径的斜率因子用于评价化学物质经过皮肤接触进入人体的致癌效应斜率，其数值可通过经口摄入途径的斜率因子推导获得。皮肤接触途径斜率因子的单位一般为 kg·d/mg。

2. 毒性信息检索

毒性数据库中的毒性信息已被广泛认可，因此推荐使用检索法进行剂量–反应评估。确认所评估化学物质的健康效应、暴露途径和暴露时间之后，可参考但不限于表 3-2 中所列的毒性数据库查询毒性信息。

如通过检索毒性数据库可获得所评估化学物质的毒性信息时，可直接填写毒性信息汇总表（表 3-4），并完成剂量–反应评估；如未检索到所评估化学物质的相关毒性信息，且仍需进行环境健康风险评估时，可参考下述毒性信息估算部分内容。

表 3-4 毒性信息汇总表

暴露途径	RfD 或 RfC				SF 或 IUR		
	数值	计量单位	暴露时间	来源	数值	计量单位	来源
途径 1：_____							
途径 2：_____							
途径 3：_____							

3. 毒性信息估算

当未在化学物质毒性数据库中检索到所评估的化学物质的毒性信息时，也可通过查询文献进行毒性推导或用途径–途径外推的方法确定参考剂量或参考浓度和斜率因子或吸入单位风险值。

1）文献毒性推导

查询有毒性值报道的文献，其研究对象可以是人类、动物，也可以是基于细胞或人体组织样本的体外实验。不同研究对象和研究设计方法决定了证据权重的不同。

a. 非致癌效应

通过文献报道结果，进行非致癌效应的参考剂量或参考浓度估计时，首先需要选定关键研究，之后确定"未观察到有害作用的剂量水平（no observed adverse effect level，NOAEL）"或"观察到有害作用的最低剂量水平（lowest observed adverse effect level，LOAEL）"，并使用不确定因子（uncertainty factors，UFs）和修正因子（modifying factor，MF）进行不确定因素调整。具体步骤如下。

首先，选择与人类毒性效应相近的物种作为参考剂量或参考浓度的关键研究。

其次，确定"未观察到有害作用的剂量水平"，并使用不确定因子和修正因子进行不确定因素调整，使用下列公式进行计算：

$$RfD = \frac{NOAEL}{\prod\limits_{i=1}^{n} UF_i} \quad 或 \quad RfC = \frac{NOAEL}{\prod\limits_{i=1}^{n} UF_i} \quad\quad （3-1）$$

式中，RfD 为参考剂量，适用于经口摄入途径及皮肤接触途径；RfC 为参考浓度，适用于吸入途径；NOAEL 为未观察到有害作用的剂量水平，可使用 LOAEL 代替；UF 为不确定因子，通常由 10 的倍数组成。

不确定因子为 10 用于说明一般人群的变异；当从动物外推到人类时，不确定因子需要再乘以 10；当使用来自亚慢性研究而不是慢性研究的"未观察到有害作用的剂量水平"作为慢性参考剂量或参考浓度的基础时，不确定因子需要再乘以 10；在一些暴露是间歇性的而非连续的研究中，当使用 LOAEL 代替 NOAEL 时，不确定因子需要再乘以 10。

b. 致癌效应

通过文献报道，评估潜在的人类致癌风险时，需要确定斜率因子及其证据权重。具体步骤如下。

首先，评估文献的证据权重。致癌效应证据权重等级分为人类致癌物、很可能的人类致癌物、可能的人类致癌物、人类致癌性尚无法分类物质。

其次，估算 SF。通过查阅文献或开展研究得到实验动物给药剂量和癌症发生比例，进而基于使用基准剂量（BMD）模型推导的基准剂量下限（BMDL），计算实验动物的 SF，最后结合人与动物的跨物种剂量调整因子，使用实验动物的 SF 推导人的 SF。

2）途径–途径外推

文献毒性值不适用于直接评估其他途径的暴露情况，但可以经过途径–途径外推方法进行其他途径暴露的毒性信息评估。

途径–途径外推需要比较成熟的方法。如果没有比较成熟的方法，建议对化学物质的健康风险进行定性而非定量评估。应在不确定性部分讨论风险评估中缺少此化学物质的健康影响。由经口摄入途径毒性信息外推皮肤接触途径毒性信息的方法是目前比较成熟的外推方法。在没有参考剂量或斜率因子可用于皮肤接触途径时，可以分别使用经口参考剂量或经口斜率因子评估与皮肤接触相关的非致癌或致癌风险，但此时的暴露为皮肤实际吸收剂量（即皮肤接触途径日均暴露量或皮肤接触途径终生日均暴露量）而并不是皮肤直接接触的暴露量。

3）毒性信息的不确定性

计算出的毒性值存在不同程度的不确定性。了解与毒性值相关的不确定程度是解释和使用这些值的重要部分。因此，作为剂量–反应评估的一部分，应包括对主要研究和支持性研究的证据强度的讨论。

与毒性值相关的不确定性来源可能包括：根据使用高剂量观察到的剂量–反应信息来预测实际低水平暴露可能发生的不良健康影响；使用来自短期暴露研究的剂量–反应信息来预测长期暴露的影响，反之亦然；使用动物研究中的剂量–反应信息来预测对人类的影响；使用来自同质动物群体或健康人群的剂量–反应信息来预测在由具有广泛敏感性的个体组成的一般群体中可能观察到的影响。

4. 毒性信息汇总

通过剂量–反应评估可以得到阶段性评估指标，即对于有阈值化学物质，吸入途径可以获得 RfC，经口摄入途径和皮肤接触途径可以获得 RfD；对于无阈值化学物质，吸入途径可以获得 IUR，经口摄入途径和皮肤接触途径可以获得 SF。同时评估结果的表示应注意暴露途径与暴露方式的区分。在获取毒性信息后，可参考表 3-4 对有效信息进行汇总。

3.2.3 暴露评估

暴露评估是环境健康风险评估"四步法"中继危害识别和剂量–反应评估之后的第三个步骤，其最主要的任务是评估暴露量。暴露评估分为内暴露评估和外暴露评估两种。内暴露评估通常是暴露发生以后，选取一定数量的代表性人群，通过采集和分析该人群的人体生物样本（如血样、尿样、头发等）中的生物标志物的浓度水平来估算环境污染物在人体内的暴露量。内暴露评估结果对于急性效应比较精确，但是受代谢等影响不能反映长期慢性效应的真实暴露量，无法分割计算不同暴露途径产生的暴露量，确认生物标识物浓度与环境污染物浓度的相关性和效应特异性较为困难，人体生物样本较难获得，采样和分析成本太高，因此不适合大规模人群的暴露评估。外暴露评估就是通过外暴露浓度、暴露时间、暴露途径和暴露参数来估算外暴露量。外暴露评估最大的优点就是更适合大规模人群的暴露评估，同时外暴露还可以借助监测网络和卫星遥感反演等技术，在连续长时间的暴露评估方面优势非常明显，因此在国际环境健康风险评估工作中被广泛采用。本节主要针对外暴露评估方法进行介绍。

外暴露评估通过对化学物质的暴露途径进行识别，并对环境介质中的化学物质的浓度进行评估，通过现场调查、测量等方式获取不同暴露途径的暴露参数，最后利用模型分别估算不同暴露途径用于致癌效应风险评估和非致癌效应风险评估的暴露量。暴露评估主要包括暴露途径评估、暴露浓度评估、暴露参数获取、暴露量计算及暴露量信息整合 5 个步骤（具体流程见图 3-5）。

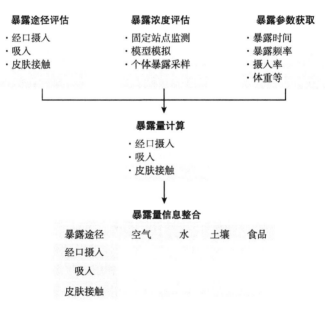

图 3-5　暴露评估流程

1. 暴露途径评估和暴露浓度评估

1）暴露途径评估

不同环境介质中的化学物质通过不同的暴露途径进入人体并对人体健康产生危害。对于空气介质中的化学物质，主要考虑其吸入途径和皮肤接触途径的暴露；对于水介质中的化学物质，主要考虑其经口摄入途径和皮肤接触途径的暴露；对于土壤介质中的化学物质，主要考虑其经口摄入途径、吸入途径和皮肤接触途径的暴露；对于食品介质中的化学物质，主要考虑经口摄入途径的暴露。

2）暴露浓度评估

a. 现场测量

空气、水、土壤中的化学物质浓度均可通过布点监测或者特定时期特定区域内的代表性采样获得代表性样本，食品中的化学物质浓度主要通过特定时期特定区域内的代表性采样获得代表性样本，利用标准的分析方法对样本进行检测分析，可获得不同介质中的化学物质浓度水平。

b. 模型模拟

当开展回顾性调查研究或者因其他原因无法获得现场测量数据或者已有测量数据无法支持更加精细的浓度水平评估时，可以利用相关的测量结果通过构建模型模拟获得不同介质中的化学物质浓度水平。

c. 文献综述

此外还可以借助已有监测数据或者综述已发表文献中的化学物质的相关浓度水平，获得特定时间、特定区域不同介质的化学物质浓度水平。

3）浓度信息整合

化学物质浓度信息的整合应按照暴露途径进行梳理整合，分别给出吸入途径、经口摄入途径以及皮肤接触途径空气、水、土壤、食品介质中的化学物质浓度，可参考表 3-5。

表 3-5 不同介质不同暴露途径的化学物质浓度信息

暴露途径	介质1: _____		介质2: _____		介质3: _____		介质4: _____	
	数值	计量单位	数值	计量单位	数值	计量单位	数值	计量单位
途径1: _____								
途径2: _____								
途径3: _____								

2. 暴露参数

暴露参数主要包括人体特征参数（性别、年龄、身高、体重、皮肤接触面积等）、摄入量（呼吸速率、经口摄入量、皮肤吸收系数等）、时间–活动模式（暴露周期、暴露频率、不同暴露场所的停留时间、洗澡时间、游泳时间、土壤暴露相关的方式和时间等）三方面。

1）问卷调查及日志记录

性别、年龄、身高、体重等人体特征参数，暴露周期、暴露频率、空气污染相关的暴露场所及停留时间、水污染相关的饮水量和洗澡时间及游泳时间、土壤暴露相关的暴露方式等时间–活动模式特征参数，食品暴露相关的饮食品种和饮食量等饮食方式特征参数，均可通过问卷调查及日志记录的方式获得，该方法在获得大样本量暴露参数方面具有明显优势，但需要注意数据质量的控制。

2）测量与观察法

身高、体重、呼吸速率、皮肤接触面积、皮肤渗透系数等参数可通过现场测量获得。暴露频率、不同暴露场所的停留时间等参数也可通过观察测量获得。北斗定位系统、"物联网+"等新技术可替代观察法来获得不同暴露场所的停留时间等参数。

3）参数检索

美国、韩国等国家均发布了本国居民的暴露参数手册，我国也出版了《中国人群暴露参数手册（成人卷）》《中国人群暴露参数手册（儿童卷：0～5岁）》《中国人群暴露参数手册（儿童卷：6～17岁）》。开展化学物质暴露评估时应使用研究地区本国家或地区的暴露参数，只有当本国家或地区数据不能获取时方可用其他国家或地区数据代替。

3. 暴露量评估

用于非致癌效应健康风险评估的日均暴露量用 ADD 表示，用于致癌效应健康风险评估的终生日均暴露量用 LADD 表示。对于不同暴露途径的暴露量通常冠以不同的下标，经口摄入途径暴露量为 ADD_{ing}、$LADD_{ing}$，吸入途径暴露量为 ADD_{inh}、$LADD_{inh}$，皮肤接触途径暴露量为 ADD_{der}、$LADD_{der}$。

一般成年人群暴露于环境介质的吸入途径、经口摄入途径和皮肤接触途径日均暴露量计算公式如下。

吸入途径：

$$\text{ADD}_{\text{inh}} = \frac{C \times \text{EF} \times \text{ED} \times \text{ET}}{\text{AT}} \qquad (3\text{-}2)$$

$$\text{LADD}_{\text{inh}} = \frac{C \times \text{EF} \times \text{ED} \times \text{ET}}{\text{LT}} \qquad (3\text{-}3)$$

经口摄入途径：

$$\text{ADD}_{\text{ing}} = \frac{C \times \text{CF} \times \text{EF} \times \text{ED} \times \text{IR}}{\text{AT} \times \text{BW}} \qquad (3\text{-}4)$$

$$\text{LADD}_{\text{ing}} = \frac{C \times \text{CF} \times \text{EF} \times \text{ED} \times \text{IR}}{\text{LT} \times \text{BW}} \qquad (3\text{-}5)$$

皮肤接触途径：

$$\text{ADD}_{\text{der}} = \frac{C \times \text{CF} \times \text{SA} \times \text{PC} \times \text{EF} \times \text{ED} \times \text{ET}}{\text{BW} \times \text{AT}} \qquad (3\text{-}6)$$

$$\text{LADD}_{\text{der}} = \frac{C \times \text{CF} \times \text{SA} \times \text{PC} \times \text{EF} \times \text{ED} \times \text{ET}}{\text{BW} \times \text{LT}} \qquad (3\text{-}7)$$

$$\text{ADD}_{\text{der}} = \frac{C \times \text{CF} \times \text{AF} \times \text{SA} \times \text{ABS} \times \text{EF} \times \text{ED}}{\text{BW} \times \text{AT}} \qquad (3\text{-}8)$$

$$\text{LADD}_{\text{der}} = \frac{C \times \text{CF} \times \text{AF} \times \text{SA} \times \text{ABS} \times \text{EF} \times \text{ED}}{\text{BW} \times \text{LT}} \qquad (3\text{-}9)$$

式（3-6）和式（3-7）主要用于水中化学物质皮肤接触途径的暴露量计算；式（3-8）和式（3-9）主要用于土壤中化学物质皮肤接触途径的暴露量计算。式中，ADD_{inh} 为吸入途径日均暴露量，mg/m^3；LADD_{inh} 为吸入途径终生日均暴露量，mg/m^3；ADD_{ing} 为经口摄入途径日均暴露量，mg/（kg·d）；LADD_{ing} 为经口摄入途径终生日均暴露量，mg/（kg·d）；ADD_{der} 为皮肤接触途径日均暴露量，mg/（kg·d）；LADD_{der} 为皮肤接触途径终生日均暴露量，mg/（kg·d）；C 为污染物浓度，mg/m^3（空气）、mg/L（水）、mg/kg（土壤和食物）；ED 为暴露周期，a；EF 为暴露频率，d/a；ET 为暴露时间，h/d；AT 为平均时间，h（空气）、d（水、土壤和食物）；LT 为终生时间，h（空气）、d（水、土壤和食物），通常固定为 70 年对应的小时数或者天数；IR 为经口摄入率/皮肤接触率，L/d（水）、mg/kg（土壤和食物）；BW 为体重，kg；CF 为转换因子，计量单位不统一时，用于做单位转换，数值视具体情况而定，计量单位统一，CF 为 1；SA 为皮肤接触面积，cm^2；PC 为皮肤渗透系数，cm/h；AF 为皮肤黏附因子，mg/cm^2；ABS 为皮肤吸收系数，无量纲。

4. 暴露量信息汇总

在获取暴露量信息后，可参考表 3-6 对有效信息进行汇总。

表 3-6 不同介质不同暴露途径的暴露量信息汇总

暴露途径	暴露周期（计量单位）：_____（ ）							
	介质1：_____		介质2：_____		介质3：_____		介质4：_____	
	数值	计量单位	数值	计量单位	数值	计量单位	数值	计量单位
途径1：_____								
途径2：_____								
途径3：_____								

3.2.4 风险表征

风险表征是环境健康风险评估"四步法"中继暴露评估后的第四个步骤，风险表征综合危害识别、剂量–反应评估、暴露评估结果，评估各种暴露情况下化学物质可能对人体健康产生的风险，并最终提出具有指导性的完整结论，为政策的制定提供可靠科学依据。其主要任务是整合危害识别结果、剂量–反应评估结果和暴露评估结果，定性或定量地描述健康风险，以评估各种暴露情况下可能对人体健康产生的危害性，并最终提出具有指导性的完整结论，并给出评估过程的不确定性。风险表征主要包括风险定量、风险整合、风险判定、不确定性评估和表征以及风险表征信息汇总五个步骤，具体流程如图 3-6 所示。

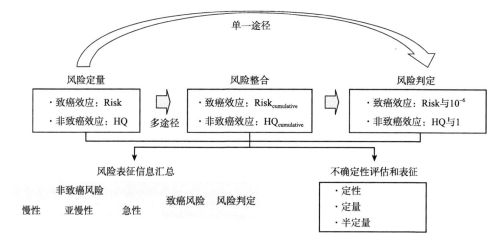

图 3-6 风险表征流程

1. 风险定量

1）非致癌效应风险

非致癌效应风险的健康风险，即 HQ，计算公式如下。

吸入途径：

$$HQ = \frac{ADD_{inh}}{RfC} \qquad (3\text{-}10)$$

经口摄入途径：

$$HQ = \frac{ADD_{ing}}{RfD_{ing}} \qquad (3\text{-}11)$$

皮肤接触途径：

$$HQ = \frac{ADD_{der}}{RfD_{der}} \qquad (3\text{-}12)$$

式中，RfD_{ing} 为经口摄入途径的参考剂量，mg/(kg·d)；RfD_{der} 为皮肤接触途径的参考剂量，mg/(kg·d)。

2）致癌效应

致癌风险（Risk）的计算方法如下。

吸入途径：

$$Risk = LADD_{inh} \times IUR \times 1000 \qquad (3\text{-}13)$$

经口摄入途径：

$$Risk = LADD_{ing} \times SF_{ing} \qquad (3\text{-}14)$$

皮肤接触途径：

$$Risk = LADD_{der} \times SF_{der} \qquad (3\text{-}15)$$

式中，SF_{ing} 为经口摄入途径斜率因子，kg·d/mg；SF_{der} 为皮肤接触途径斜率因子，kg·d/mg。

2. 风险整合

某一化学物质经多种途径暴露时，当不同的暴露途径影响的目标人群不同或者不同暴露途径的风险不相互影响时不宜进行风险加和；除此之外，各暴露途径的风险可采用直接加和的方法整合。

1）非致癌风险加和

慢性、亚慢性和急性非致癌风险应分别进行加和。对于同一化学物质的同一类非致癌风险，各暴露途径的 HQ 可求和，得到危害指数（HI），使用式（3-16）计算：

$$HI = \sum_{i=1}^{n} HQ_i \qquad (3\text{-}16)$$

式中，HI 为危害指数；HQ_i 为暴露途径 i 的危害商。

2）致癌风险加和

分别计算各暴露途径的 Risk 可求和，得到累积致癌风险（Risk$_{cumulative}$），使用式（3-17）计算：

$$Risk_{cumulative} = \sum_{i=1}^{n} Risk_i \qquad （3-17）$$

式中，Risk$_{cumulative}$ 为累积致癌风险；Risk$_i$ 为暴露途径 i 的致癌风险。

3. 风险判定

1）非致癌风险

危害商无量纲，如果 HQ≤1，预期将不会造成显著非致癌风险，表示暴露低于会产生不良反应的阈值；如果 HQ＞1，则表示暴露剂量超过阈值，可能产生非致癌风险。

2）致癌风险

如果某单一化学物质的 Risk＜10^{-6}，则认为其引起癌症的风险较低；如果某单一化学物质的 Risk 介于 10^{-6}～10^{-4}，则认为其有可能引起癌症；如果某单一化学物质的 Risk＞10^{-4}，则认为其引起的癌症风险较高。

4. 不确定性评估和表征

1）不确定性来源

不确定性评估是对整个风险评估过程以及每个步骤不确定性的分析，是风险表征描述的重要方面，也是风险评估过程中的重要步骤。在不确定性分析中，应从以下几方面进行分析。

（1）环境的不确定性：包括在评估过程中对评估对象所处环境的假设，如所处环境的改变可能带来的暴露途径和评估物质随时间变化。

（2）模型适用性及假设：包括所使用的模型的可靠性和模型的主要假设。

（3）参数不确定性：包括在评估过程中纳入参数的不确定性。

2）不确定性表征方法

不确定性表征方法有定量表征、半定量表征、定性表征 3 种。

（1）定量表征：适用于暴露模型简单且主要输入参数已知的情况，首先描述关键参数的概率分布，然后利用统计方法进行分析，如一阶泰勒级数近似分析或蒙特卡罗模拟。

（2）半定量表征：适用于参数值潜在的假定范围已知的情况，可根据敏感性分析产生的范围对不确定性进行半定量分析。

（3）定性表征：通过描述参数的模型以及与参数相关的定义对最终结果的影响来表征参数不确定性。

5. 风险表征信息汇总

在获取风险表征信息后，可参考表 3-7 对有效信息进行汇总。

表 3-7　风险表征信息汇总

暴露途径	非致癌风险			致癌风险	风险判定
	慢性	亚慢性（短期）	急性		
途径 1：_____					
途径 2：_____					
途径 3：_____					
累积风险					

3.3　化学物质复合暴露健康风险评估方法

3.3.1　单一物质不同暴露途径的健康风险评估

同一化学物质不同暴露途径的风险可通过直接加和的方式累加。如果某一化学物质通过多种暴露途径，则整合多种暴露途径的风险。确定评估对象是否通过多种途径暴露于某一化学物质，需同时满足两个条件：①化学物质具备合理的多途径暴露；②被评估对象持续暴露于多个途径的暴露。如果不同的暴露途径影响的目标人群不同，或者不同暴露途径的风险或指数不相互影响，那么风险不予加和。

1. 非致癌风险加和

对于同一化学物质的不同暴露途径，应分别计算各途径的非致癌风险后再求和，即为总非致癌风险，使用如下公式计算：

$$HI = HQ_{ing} + HQ_{inh} + HQ_{der} \qquad (3\text{-}18)$$

式中，HI 为多暴露途径的累积非致癌风险；HQ_{ing} 为经口摄入途径的非致癌风险；HQ_{inh} 为吸入途径的非致癌风险；HQ_{der} 为皮肤接触途径的非致癌风险。

非致癌风险加和时，应分别计算慢性、亚慢性（短期）和急性风险。

2. 致癌风险加和

对于同一化学物质的不同暴露途径，应分别计算各途径的致癌风险后再求和，即为总致癌风险，使用如下公式计算：

$$Risk_{cumulative} = Risk_{ing} + Risk_{inh} + Risk_{der} \qquad (3\text{-}19)$$

式中，$Risk_{cumulative}$ 为多暴露途径的累积致癌风险；$Risk_{ing}$ 为经口摄入途径的致癌风险；$Risk_{inh}$ 为吸入途径的致癌风险；$Risk_{der}$ 为皮肤接触途径的致癌风险。

3.3.2 多种性质相似的化合物的健康风险评估

对于性质相似的一簇化合物可以采用 CRPF 法进行致癌健康风险评估，与之类似的还有 TEF 法。两种方法均是选择指示化学物（index chemical），计算其他化学物质毒性相对于指示化学物毒性的系数，所不同的是 CRPF 法需要根据化学物质是否具有遗传毒性进行分组，分组计算健康风险，然后再加和计算累积健康风险。

主要包括毒理学系数评估、日均暴露剂量评估、化学等效剂量（index chemical equivalent dose，ICED）评估和致癌风险评估几个步骤。

1. 毒理学系数评估

使用相对毒效因子法评估性质相似的混合物中化学物质的累积健康风险，其首要任务是评估化学物质的相对毒效因子（relative effect potency）。首先应根据化学物质的毒性作用机制对混合物中的化学物质进行分组，其次是分别选取每个亚组的指示化学物，最终获取基于指示化学物的各化学物质的相对毒效因子。

只有满足以下条件才能使用 CRPF 法进行混合物累积健康风险评估：每一个亚组，毒性作用方式相同；不同亚组之间的毒性是独立的，不相互影响（EPA，2010）。因此，首先要对混合物中的化学物质进行分组，一般将具有遗传毒性的化学物质分为一个亚组，另一个亚组则为非遗传毒性的化学物质（Teuschler et al.，2004；Howd and Fan，2008）。

在遗传毒性组和非遗传毒性组分别选取指示化学物作为参照，推荐优先使用毒理学数据库给定的指示化学物作为参照，也可使用文献中较受认可、应用较为广泛的指示化学物作为基准物质。在毒理学上已经得到了充分研究并且必须具有确定的剂量–反应关系的化学物质，才能作为指示化学物应用于混合物中化学物质累积健康风险评估。指示化学物的相对毒效因子值一般为 1.00。

化学物质的相对毒效因子是指化学物质相对于指示化学物的毒性。可以通过测量生化指标改变、毒性和致癌性等数据评估毒性作用。用于评估相对毒效因子的毒理学数据可以来自体外试验和体内研究，也可以来自结构–活性关系的相关研究。研究的健康效应不同（如急性、亚慢性、慢性等）、健康结局不同、研究对象的物种不同等，导致基于不同研究获得的相对毒效因子可能变化很大。为了能够较为科学地评估相对毒效因子，WHO 分别于 1990 年、1997 年和 2005年组织专家对相对毒效因子数据（Dioxins 类）进行多轮讨论（Berg et al.，2006），给出相对毒效因子的评估原则。具体原则如下：需要获得化学物质与指示化学物的全暴露–反应关系曲线；需要选择相同物种、相同年龄的实验动物，需要在相同喂养条件、相同暴露途径等条件下进行动物实验；理想中，化学物质与指示化学物的暴露–反应关系曲线应该类似；当不能获得暴露–反应关系曲线时，可以用ED50 化学物质/ED50 指示化学物（50%效应剂量）评估相对毒效因子，或者可用可观察到不良效应的最低剂量（LOED）（Berg et al.，2006）。

2. 日均暴露剂量评估

首先，分别计算每种化学物质经口摄入途径的日均暴露量（Lee et al.，2004；Amjad et al.，2013；Siddique et al.，2015）。公式如下：

$$\text{ADD}_{\text{component}} = \frac{C_i \times \text{IR} \times \text{EF} \times \text{ED}}{\text{BW} \times \text{AT}} \tag{3-20}$$

具体参数说明见表 3-8。

表 3-8　相关参数表

参数符号	参数名称	单位	备注
$\text{ADD}_{\text{component}}$	组分日均暴露量	mg/（kg·d）	
C_i	第 i 种组分的浓度	mg/L	IR 可参考《中国人群暴露参数手册（成人卷）》《中国人群暴露参数手册（儿童卷：0～5 岁）》《中国人群暴露参数手册（儿童卷：6～17 岁）》；假定 ED 等于 AT
IR	日均饮用水摄入率	L/d	
EF	暴露频率	d/a	
ED	暴露周期	a	
AT	平均时间	d	
BW	体重	kg	

3. 化学等效剂量指数评估

将化学物质的日均暴露量和相对毒效因子（RPF）相乘得到该化学物质的等效暴露剂量（Component ICED），然后将同一亚组不同化学物质的 ICED 加和，计算得出该亚组的等效暴露剂量。

$$\text{Subclass ICED} = \sum \text{Component ICED} = \sum \text{ADD}_{\text{component}} \times \text{RPF} \tag{3-21}$$

4. 致癌风险评估

将不同亚组的 ICED 分别乘以该组毒理学系数模型的最大似然比（MLE），然后加和，计算得出总的致癌风险（Risk）。

$$Risk = \sum Subclass\ ICED \times MLE \qquad (3\text{-}22)$$

3.4　研　究　案　例

3.4.1　成都市 $PM_{2.5}$ 成分的健康风险评估

1. 研究背景及目标

$PM_{2.5}$ 中含有砷（As）、铅（Pb）、锰（Mn）等大量有害金属元素，研究表明长期 As 暴露会导致较高的致癌风险，会危害人体的呼吸系统、循环系统、神经系统等而产生不良健康影响；Pb 的长期暴露也会导致致癌效应，还会通过影响血红素的合成等生化过程进而损伤神经系统造成慢性健康效应；长期吸入低剂量的 Mn 也具有较高的慢性非致癌风险。在 $PM_{2.5}$ 金属元素健康风险研究中，由于居民短期高浓度的暴露情景较少，几乎不会发生，因此相关健康风险评估研究多关注慢性效应，因为长期低剂量暴露几乎时刻都在发生，且持续时间较长甚至长达整个生命周期，因而 $PM_{2.5}$ 中金属元素长期暴露的慢性效应健康风险研究尤为重要。然而由于长期连续监测 $PM_{2.5}$ 成分非常困难，因此 $PM_{2.5}$ 成分的长期数据较难获得，$PM_{2.5}$ 成分长期暴露的健康风险评估研究相对缺乏，因此需要开展 $PM_{2.5}$ 成分长期暴露的健康风险研究，为制定政策和采取针对性干预措施以保护人群健康提供重要数据。

本节选取典型空气污染城市成都，基于长期监测的 $PM_{2.5}$ 中金属元素数据，利用经典"四步法"评估 $PM_{2.5}$ 中金属元素长期暴露的慢性健康风险，为制定政策和采取措施降低 $PM_{2.5}$ 中金属元素的健康风险提供科学依据。

2. 研究方法

1）研究区域和时间

在四川省成都市高新区和彭州市选择 3 个点位作为监测点，2015 年开展 $PM_{2.5}$ 浓度及 $PM_{2.5}$ 中金属元素浓度的监测，每月 10～16 日进行连续监测，其余日期选择性监测，最终监测天数合计为 105 天。

2）采样与检测

进行为期一年的 $PM_{2.5}$ 浓度及金属元素浓度监测，监测值为日均值，要求每天监测时间不少于 20h。

参照《环境空气颗粒物（$PM_{2.5}$）手工监测方法（重量法）技术规范》（HJ 656—2013）进行样品的采集，所用采样仪器为武汉天虹 TH-150C 智能中流量 $PM_{2.5}$ 采样器，采样滤膜为石英纤维滤膜；参照《环境空气 PM_{10} 和 $PM_{2.5}$ 的测定 重量法》（HJ 618—2011）进行 $PM_{2.5}$ 的测定，所用天平为赛多利斯 Cubis 0.01mg 精度分析天平；参照《空气和废气 颗粒物中铅等金属元素的测定 电感耦合等离子体质谱法》（HJ 657—2013）进行金属元素分析，所用仪器为安捷伦 7700X 型 ICP-MS。

3）暴露–反应评估

各金属元素吸入途径毒理学参数（表 3-9）来源于 IRIS、EPA 暂行同行评议毒性值（provisional peer reviewed toxicity values，PPRTVs）、加利福尼亚州环保局（California Environmental Protection Agency，CALEPA）。

表 3-9 金属元素吸入途径毒理学参数

污染物	慢性非致癌效应		致癌效应	
	$RfC/（mg/m^3）$	数据来源	$IUR/（\mu g/m^3）^{-1}$	数据来源
砷（As）	1.50×10^{-5}	CALEPA	4.30×10^{-3}	IRIS
铅（Pb）	—	—	1.20×10^{-5}	CALEPA
锰（Mn）	5.00×10^{-5}	IRIS	—	—
汞（Hg）	3.00×10^{-4}	IRIS	—	—
铝（Al）	5.00×10^{-3}	PPRTVs	—	—
硒（Se）	2.00×10^{-2}	CALEPA	—	—

基于经典"四步法"进行健康风险评估，根据各元素浓度均值进行健康风险的点值估计，同时为了更加全面地了解人群的健康风险信息，本节还计算了健康风险的百分位数分布，利用 Excel 2007 进行数据清理和统计分析，污染物浓度测定结果无异常值，缺失率<10%，本节未对缺失值进行插补，以二分之一的检出限来代替低于检出限的浓度；计算 3 个采样点的元素浓度均值并将其作为成都市的元素浓度水平，计算健康风险，每种元素均基于所有样本的浓度均值进行健康风险点值估计，并根据所有样本的浓度百分位数分布计算健康风险的百分位数分布。

4）暴露评估

暴露评估公式见式（3-2）和式（3-3）。其中，本节选取成人的暴露周期 30

年；暴露频率为365d/a；暴露时间为24h/d；慢性非致癌效应平均时间为30年；致癌效应的终生时间为70a。

5）风险特征

风险表征公式见式（3-10）和式（3-13）。考虑到居民的空气污染多为长期低剂量暴露，因此本节选取长期暴露的慢性效应进行健康风险评估。

3. 研究结果

表3-10为2015年成都市$PM_{2.5}$及金属元素浓度水平，$PM_{2.5}$的浓度均值为150μg/m³，是我国《环境空气质量标准》（GB 3095—2012）年均限值35μg/m³的4.3倍；As的浓度均值为22.2ng/m³，约为我国《环境空气质量标准》（GB 3095—2012）年均限值0.006μg/m³的3.7倍；Pb的浓度均值为118.0ng/m³，低于我国《环境空气质量标准》（GB 3095—2012）年均限值0.5μg/m³；Hg的浓度均值为0.75ng/m³，低于我国《环境空气质量标准》（GB 3095—2012）年均限值0.05μg/m³；Al、Mn、Se的浓度均值分别为312ng/m³、47.7ng/m³、6.6ng/m³。其中As、Pb、Mn、Al的浓度分布范围较宽。

表3-10 成都市$PM_{2.5}$及金属元素浓度

污染物	Mean±SD	《环境空气质量标准》（GB 3095—2012）年均浓度限值
$PM_{2.5}$	150±74μg/m³	35μg/m³
As	22.2±16.3ng/m³	0.006μg/m³
Pb	118.0±91.7ng/m³	0.5μg/m³
Mn	47.7±34.6ng/m³	——
Hg	0.75±1.12ng/m³	0.05μg/m³
Al	312±464ng/m³	——
Se	6.6±6.0ng/m³	——

注：金属元素的检出限：As，2.8ng/m³；Pb，5.6ng/m³；Mn，2.8ng/m³；Hg，0.56ng/m³；Al，60ng/m³；Se，2.8ng/m³。

表3-11展示了各金属元素的健康风险，对于慢性非致癌效应，As的HQ为1.51，高于可接受非致癌风险水平1，其慢性非致癌效应健康风险较高，Mn、Hg、Al、Se的慢性非致癌风险均低于可接受非致癌风险水平1，此外Mn的非致癌健康风险最大值为3.80，高于可接受非致癌风险水平1，由此可见，点值估计不能全面展示人群健康风险的全貌，只有基于概率评估结果才能科学、有效地保护人群健康。

表 3-11　金属元素健康风险的点值估计

污染物	Mean	SD	最小值	最大值
HQ				
As	1.51	1.16	1.12×10^{-1}	5.82
Mn	9.71×10^{-1}	7.34×10^{-1}	1.97×10^{-1}	3.80
Hg	2.68×10^{-3}	4.03×10^{-3}	9.33×10^{-4}	1.98×10^{-2}
Al	6.77×10^{-2}	1.08×10^{-1}	6.00×10^{-3}	7.11×10^{-1}
Se	3.34×10^{-4}	3.05×10^{-4}	7.00×10^{-5}	1.20×10^{-3}
Risk				
As	4.16×10^{-5}	3.19×10^{-5}	3.10×10^{-6}	1.61×10^{-4}
Pb	6.17×10^{-7}	4.94×10^{-7}	8.71×10^{-8}	2.28×10^{-6}

对于致癌效应，一般认为可接受风险水平为 10^{-6}，As 的 Risk 为 4.16×10^{-5}，具有一定的致癌风险，Pb 的 Risk 为 6.17×10^{-7}，致癌风险较低。同时根据健康风险的极大值，Pb 的致癌效应较高，Risk 为 2.28×10^{-6}。同样可以看出健康风险均值的点值估计结果不能全面反映健康风险的全貌，因此本书对风险极大值较高的金属元素的健康风险百分位数分布进行了计算。

健康风险的百分位数分布显示（图 3-7）：对于慢性非致癌效应，As 约有 55% 的比例慢性非致癌风险较高（HQ＞1），Mn 约有 30% 的比例非致癌风险较高

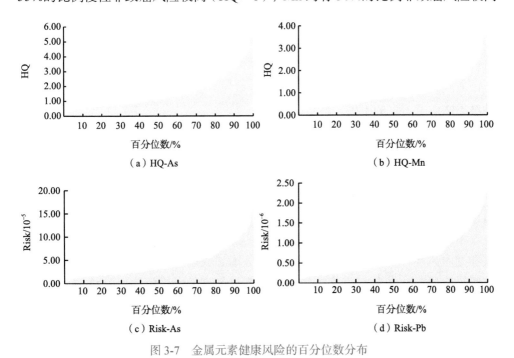

（a）HQ-As　　　　　　　　　　（b）HQ-Mn

（c）Risk-As　　　　　　　　　　（d）Risk-Pb

图 3-7　金属元素健康风险的百分位数分布

（HQ＞1），As 和 Mn 均具有较高的慢性非致癌风险；对于致癌效应，As 的所有致癌风险 Risk 都高于风险可接受水平 1×10^{-6}，此外 As 约有 6%的比例致癌风险 Risk 超出了 1×10^{-4}，具有较高的致癌风险。Pb 的致癌风险 Risk 也有 20%的比例高于风险可接受水平 1×10^{-6}，致癌风险较高。

与基于均值浓度的健康风险点值估计相比，健康风险的百分位数分布能更加科学地展现人群健康风险的全貌。对于 Mn 的慢性非致癌风险，如果仅参考点值估计结果 HQ＜1，人群 Mn 暴露的慢性非致癌风险较低，如果综合考虑健康风险的百分位数分布，有 30%的人群 Mn 暴露的 HQ＞1，即约有 30%的人群 Mn 暴露的慢性非致癌风险较高，未来 Mn 的相关标准制修订过程中应充分考虑人群健康风险分布结果。对于 As 的致癌风险，其均值浓度的健康风险点值估计为 4.16×10^{-5}，同时百分位数分布显示，有 6%的比例超过了 1×10^{-4}，As 的致癌风险很高；对于 Pb 的致癌风险，Pb 的浓度水平仅为我国环境空气质量标准限值的三分之一（0.5μg/m³），但是根据百分位数分布结果显示，仍有 20%的人群致癌风险较高，当 Pb 污染水平接近标准浓度限值时，其致癌风险会更高。因此，目前我国《环境空气质量标准》（GB 3095—2012）中 As 和 Pb 的浓度限值不能很好地保护人群，建议在全国系统开展 As 和 Pb 健康风险评估，基于健康风险评估结果收紧《环境空气质量标准》（GB 3095—2012）的 As 和 Pb 浓度限值。

在健康风险评估方面，本节评估了单一物质单一暴露途径的慢性健康风险，由于缺乏各金属元素联合暴露的药代动力学数据，本节只能单独报道每种金属元素的健康风险；同时由于受其他暴露途径的污染物数据的可得性限制，本节也未进行其他暴露途径的健康风险评估。此外，本节的暴露来源于固定站点的污染物浓度监测，并没有考虑居民在室内外环境空气中暴露污染物的浓度差异，也对评估结果造成了一定的不确定性。

4. 案例小结

本节发现成都市 PM$_{2.5}$ 中 As 和 Pb 的暴露具有一定致癌风险，As 和 Mn 的暴露具有一定的非致癌风险，应当引起相关部门的关注。目前我国《环境空气质量标准》（GB 3095—2012）在一些成分的浓度限值方面非常缺乏，对于环境空气中的 Mn、Al、Se 均没有浓度限值，已有的一些浓度限值大多不是基于我国人群健康风险评估结果而制定的，今后应增加我国人群不同成分空气污染物的健康风险研究，尤其需重点关注长期低剂量暴露的慢性健康风险评估，最终基于我国人群的健康风险评估结果制定或修订我国的相关标准，以保护我国居民健康。

3.4.2 饮用水中化学物质的健康风险评估

1. 案例背景及目的

饮用水安全是人类健康的重要保障，环境健康风险评估通过对水中污染物进行危害识别、暴露评价，利用污染物与人体的剂量–反应关系和风险评估模型定量评估饮用水中污染物风险表征和对人群健康的影响，为饮用水安全及风险管理提供科学依据。

国内饮用水健康风险评估研究多聚焦于水源水，程雅柔（2015）等对贵阳市生活饮用水中多种重金属和多环芳烃进行了健康风险评价，结果显示这些化学物质的健康风险均处于最大可接受水平之内。敬燕燕等（2015）评估了北京市丰台区农村饮水安全工程水源水和出厂水中的化学污染物经口摄入途径所致的非致癌健康风险，结果低于国际辐射防护委员会（ICRP）推荐的最大可接受限值，表明该地区农村饮水安全工程的实施降低了人群经饮水途径的健康风险。天津市的一项研究（符刚等，2015）表明，该市饮用水健康风险处于可接受水平，不会对人体产生明显的健康危害。这几项单中心研究中饮用水的健康风险均处于可接受水平，然而我国幅员辽阔、饮用水水源涉及多个流域，有必要开展多中心的饮用水健康风险评估。

本节应用 EPA 推荐的健康风险评估模型，基于我国环境健康综合监测基础平台的 10 省 25 区县生活饮用水监测数据，分析水中化学物质对人体健康的非致癌影响，研究结果对于了解我国整体的饮用水健康风险现状具有重要的参考价值。

2. 材料与方法

1）数据来源

本节数据来源于环境健康综合监测基础平台，收集 2013～2018 年全国重点流域 10 省 25 区县丰水期和枯水期生活饮用水监测数据共 8833 条，建立饮用水水质监测数据库，采集水样类型为出厂水、末梢水及二次供水。重点流域不同水期饮用水采集样本数分布情况见表 3-12。

表 3-12　2013～2018 年我国重点流域不同水期饮用水采集样本数分布情况

流域分布	丰水期样本数/个	枯水期样本数/个
长江流域	2551	2287
黄河流域	390	418
珠江流域	207	210
海河流域	277	277
东南沿海诸河流域	1258	958
合计	4683	4150

2）饮用水健康风险评估模型

水环境健康风险评估主要针对水环境中对人体有害的物质，主要通过直接接触、摄入水体中被污染的食物和饮用 3 种暴露途径对人体健康产生危害，其中饮用被认为是一个很重要的暴露途径。因此，本节采用 EPA 经典"四步法"健康风险评估模型评估饮用水经口摄入途径对总人群和不同性别人群所造成的非致癌风险。

a. 危害识别

根据 IRIS，利用本节所获得的饮用水中化学物质浓度和摄入量，定量评估铅、汞、硒、氰化物、氟化物、硝酸盐、三氯甲烷、四氯化碳、铁、锰、铜、锌、挥发酚类和氨氮 14 种化学物质的非致癌风险。

b. 暴露评估

非致癌风险评估的暴露量，计算公式见式（3-4）。本节暴露频率为 365d/a，暴露周期为 30 年，平均时间为 30 年对应的天数。经口摄入率及体重来源于 2014 年环境保护部编制的《中国人群暴露参数手册（成人卷）》。

c. 剂量–反应评估

根据 IRIS、美国国立卫生研究院（NIH）、ATSDR 资料、IARC 及相关文献，查询非致癌物的经口摄入途径剂量–反应关系。本节 14 种非致癌物的 RfD 见表 3-13。

表 3-13　化学物质的剂量–反应关系

化学物质	RfD/[mg/（kg·d）]	来源
铅	0.0014	蒋国钦等，2017
汞	0.0003	IRIS
硒	0.005	IRIS
氰化物	0.00063	IRIS
氟化物	0.06	IRIS
硝酸盐（以 N 计）	1.6	IRIS
三氯甲烷	0.01	IRIS
四氯化碳	0.004	IRIS
铁	0.3	Alver，2019
锰	0.14	IRIS
铜	0.04	Bortey-Sam et al.，2015
锌	0.3	IRIS
挥发酚类（以苯酚计）	0.3	敬燕燕等，2015
氨氮	0.97	Chen et al.，2017

d. 风险表征

HQ 的计算见式（3-11）。

HQ 无量纲，如果 HQ≤1，预期将不会造成显著损害，表示暴露低于会产生不良反应的阈值。如果 HQ>1，则表示暴露量超过阈值，非致癌风险较高。

3）质量控制

为保证水质监测数据库的真实性与可靠性，样品的采集和运输方法按照《生活饮用水标准检验方法》（GB/T 5750—2006）；由 2 名研究人员共同完成数据的导出、清理与核查。

4）数据分析

从环境健康综合监测基础平台导出数据并建立水质监测数据库，采用 R 3.6.0 软件进行统计分析。

3. 结果

1）污染物浓度及特征

按照《生活饮用水卫生标准》（GB 5749—2006）规定的监测指标检测值，2013～2018 年全国 10 省 25 区县的 8833 条饮用水数据中，14 种化学物质均存在超标现象。其中，硝酸盐的超标率最高，为 5.69%；挥发酚类、锰和三氯甲烷的超标率分别为 2.89%、2.56% 和 2.32%，见表 3-14。

表 3-14　饮用水中 14 种化学物质的检测结果

化学指标	样本数/个	算术平均值/（mg/L）	中位数/（mg/L）	超标样本数/个（超标率/%）
硝酸盐（以 N 计）	8349	3	1	475（5.69）
挥发酚类（以苯酚计）	8483	0.02	0.001	245（2.89）
锰	8804	0.09	0.02	225（2.56）
三氯甲烷	8047	0.05	0.0006	187（2.32）
四氯化碳	8047	0.0009	0	106（1.32）
氟化物	8397	0.2	0.1	70（0.83）
铁	8805	0.04	0.03	72（0.82）
铜	8546	0.4	0.05	70（0.82）
氰化物	8304	0.003	0.001	45（0.54）
氨氮	8375	0.04	0.01	42（0.50）
汞	8356	0.0001	0	17（0.20）

续表

化学指标	样本数/个	算术平均值/（mg/L）	中位数/（mg/L）	超标样本数/个（超标率/%）
铅	8436	0.002	0.001	14（0.17）
锌	8475	0.03	0.02	7（0.08）
硒	8224	0.0005	0.0005	5（0.06）

2）非致癌健康风险及特征

总人群、男性和女性的风险评估结果见表 3-15，生活饮用水中 14 种化学物质的 HQ 均处于可接受水平。非致癌风险平均值铜＞三氯甲烷＞氰化物＞氟化物＞硝酸盐（以 N 计）＞铅＞锰＞汞＞四氯化碳＞铁＞锌＞硒＞挥发酚类（以苯酚计）＞氨氮，铜的非致癌风险值相对较高，氨氮最低；男性均略高于女性。丰水期和枯水期各污染物的 HQ 值有差别，但不具有规律性，见表 3-16。

表 3-15　经口途径摄入自来水非致癌风险

化学指标	总人群	男性	女性
硝酸盐（以 N 计）	0.0534	0.0536	0.0528
挥发酚类（以苯酚计）	0.0016	0.0017	0.0016
锰	0.0178	0.0181	0.0174
三氯甲烷	0.1302	0.132	0.1274
四氯化碳	0.0064	0.0065	0.0062
氟化物	0.1129	0.1135	0.1108
铁	0.0042	0.0043	0.0041
铜	0.2781	0.282	0.2721
氰化物	0.1208	0.1234	0.1169
氨氮	0.0013	0.0013	0.0012
汞	0.0104	0.0105	0.0101
铅	0.033	0.0333	0.0323
锌	0.0031	0.0032	0.003
硒	0.0028	0.0029	0.0028

注：以 HQ 表示，以均数计。

表 3-16　重点流域不同水期总人群经口途径摄入自来水非致癌风险

监测指标	丰水期					枯水期				
	长江流域	黄河流域	珠江流域	海河流域	东南沿海诸河流域	长江流域	黄河流域	珠江流域	海河流域	东南沿海诸河流域
硝酸盐（以 N 计）	0.0911	0.032	0.076	0.0518	0.0189	0.0327	0.2335	0.076	0.0525	0.0239
挥发酚类（以苯酚计）	0.0029	0.0001	0.0001	0.0016	0.0001	0.0031	0.0001	0.0001	0.0012	0.0001
锰	0.0241	0.0086	0.0048	0.0077	0.0045	0.0218	0.0091	0.0047	0.0076	0.0043
三氯甲烷	0.2972	0.0036	0.0631	0.0089	0.0158	0.1780	0.0009	0.0253	0.0049	0.0135
四氯化碳	0.0098	0.0028	0.0004	0.0007	0.0005	0.0134	0.0009	0.0004	0.0013	0.0007
氟化物	0.0995	0.2269	0.0732	0.2981	0.0598	0.0968	0.2300	0.0669	0.3072	0.0613
铁	0.0026	0.0082	0.0065	0.0098	0.0042	0.0029	0.0076	0.0060	0.0085	0.0046
铜	0.3829	0.0426	0.0314	0.0548	0.0260	0.6148	0.0386	0.0309	0.0496	0.0244
氰化物	0.0897	0.0563	0.0850	0.0629	0.1743	0.1525	0.0555	0.0850	0.0632	0.0378
氨氮	0.0007	0.0015	0.0015	0.0011	0.0023	0.0010	0.0010	0.0015	0.0008	0.0020
汞	0.0076	0.0082	0.0426	0.0166	0.0076	0.008	0.0084	0.0436	0.0196	0.0084
铅	0.0255	0.0915	0.0376	0.0436	0.0204	0.0289	0.0805	0.0394	0.0514	0.0220
锌	0.0020	0.0059	0.0058	0.0041	0.0033	0.0024	0.0047	0.0071	0.0041	0.0033
硒	0.0021	0.0048	0.0033	0.0060	0.0031	0.0026	0.0048	0.0032	0.0028	0.0030

注：以 HQ 表示，以均数计。

3）不确定性分析

健康风险评估是一个复杂的过程，其中每一个步骤都会涉及不确定性，如本节只考虑了饮用水中化学物质的经口摄入途径，没有考虑通过食物摄入、皮肤接触途径，因此本节结果存在一定的不确定性。

4. 案例小结

生活饮用水监测部门在水质评价方面，通常重点关注微生物、消毒副产物等指标，容易忽视饮用水中已达标的有毒有害化学物质对人体健康的潜在风险。目前国内很多研究应用 EPA 经典"四步法"对饮用水进行健康风险评估，但存在一些使用误区。例如，根据化学物质对人体产生的健康效应，剂量–反应关系分为有阈化合物和无阈化合物，二者导致的健康结局和风险表征的表达方式均不一样。多数研究在进行化学物质的风险评估时，将非致癌风险和致癌风险简单相加，混淆了不同健康结局所引起的健康效应。另外，通过 IRIS、NIH、ATSDR、IARC 等机构或数据库查询的暴露–反应系数，可能与研究地区的实际情况并不一致；本节未查询到微生物和放射性指标的毒理学数据，也未涉及饮用水经食物摄入、经皮肤接触等途径带来的健康风险。因此，在今后的研究中，应加强多领域合作、应用饮用水中化学物质风险评估的前沿方法，准确评估研究领域饮用水中化学物质的健康风险。

3.4.3 土壤中三种重金属的健康风险评估

1. 研究背景及目标

改革开放 40 余年，广东省作为我国改革开放的先行地，经济和工业方面都得到了很好的发展，随着经济高速化增长，工业化和城镇化进程加快，人们在环保和健康方面的意识也越来越强，但是面临的环境污染问题却日益突出。为了治理土壤污染问题，国务院 2016 年 5 月 28 日印发了《土壤污染防治行动计划》（又被称为"土十条"），于同年 5 月 28 日起实施。随后，环境保护部、财政部、国土资源部、农业部、国家卫生和计划生育委员会等五部委联合部署制定《全国土壤污染状况详查总体方案》，土壤污染状况详查方案中农用地土壤污染状况详查是一个重要内容，农用地土壤和农产品样品必测的无机污染物项目主要是重金属元素。土壤中重金属污染有来自大自然本底的，也有来自人为的生产活动，如工矿业、交通、大气沉降及农业生产过程中污水灌溉、农药、肥料使用等，农田作物对重金属还有富集作用。同时，人体对重金属会有一定的蓄积性，土壤质量对产出农作物的质量和食用安全会有直接影响。土壤被重金属污染后威胁居民食品安全以及生命健康，人体铅摄入过多可导致人体血铅水平异常及铅中毒，对儿童智力水平发育也会有较大影响；镉如果在人体过量积累可导致肾、肝损害，严重时还可能引起骨损伤、"痛痛病"；六价铬是世界卫生组织公布的强致癌物，人体长期暴露重金属铬污染对神经系统、肝脏、肾脏都有一定的健康危害。

为了解广东省不同地区农田土壤重金属污染及可能存在的健康风险情况，2016 年 8～10 月在广东省的东、南、西、北部和珠江三角洲地区一共抽取 6 市 24 区县随机选取 480 个建制村作为土壤重金属污染情况监测点，每个监测点采集农田土样 1 份，检测铅、镉、铬等重金属含量水平，然后利用模型进行潜在生态风险和健康风险评估。

2. 研究方法

1）案例数据

2016 年 8～10 月在广东省东、南、西、北部和珠江三角洲地区共抽取 480 个建制村作为土壤重金属污染情况监测点，每个监测点均采集 1 份农田土样，按要求采集 5～20cm 深的表层土壤，在 1m² 范围内按照 5 点取样法采集土壤混合为一个样品，采样时记录采样地点经纬度、海拔、土地类型、土壤质地、样品重量等。铅、镉的实验室检测按照国标《土壤质量 铅、镉的测定 石墨炉原子吸收分光光度法》（GB/T 17141—1997）或按照等效方法进行；铬的测定按照《土壤 总铬的测定 火焰原子吸收分光光度法》（HJ 491—2009）；土壤的 pH 测定采用电位法。

2）分析方法

本节土壤中重金属的潜在生态风险水平评价采用 Hakanson 潜在生态风险指数法；健康风险评估参照经典"四步法"，对非致癌风险 HQ 和致癌风险 Risk 进行评估。

a. 生态风险评估方法

Hakanson 潜在生态风险指数法是常用的土壤重金属污染生态风险评价方法，本节根据所研究重金属种类及数目对单项潜在生态风险指数（E）和综合潜在生态风险指数（RI）的评估域都事先进行调整，然后评价土壤重金属污染潜在生态风险。

E 的计算公式：

$$E_j^i = T^i \times \frac{C_{j\,实测值}^i}{C^i} \qquad (3\text{-}23)$$

RI 的计算公式：

$$\mathrm{RI}_j = \sum_{i=1}^{n} E_j^i \qquad (3\text{-}24)$$

式中，T^i 为重金属 i 的毒性响应系数，三种重金属毒性响应系数分别为 Pb=5，Cd=30，Cr=2，反映毒性水平和生物对其污染的敏感程度；C_j^i 为样点 j 处重金属 i 的实际测定值；C^i 为重金属 i 的背景值；E_j^i 为样点 j 处重金属 i 的单项潜在生态风险指数；RI_j 为样点 j 处重金属综合潜在生态风险指数。

而本节涉及 3 种重金属，对潜在生态风险评估标准 E 和 RI 等级进行调整。调整前后的 E 和 RI 值见表 3-17。

表 3-17　土壤重污染的潜在生态风险分级标准

E		RI		生态风险
Hakanson	本研究	Hakanson	本研究	
＜40	＜30	＜150	40	轻微
40～80	30～60	150～300	40～80	中等
80～160	60～120	300～600	80～160	较强
160～320	120～240	≥600	≥160	很强
≥320	≥240	—	—	极强

b. 健康风险评估方法

由美国 EPA 提出的健康风险评估模型包括致癌风险、非致癌风险模型，它是通过计算不同暴露途径的暴露剂量进而计算暴露风险大小，人体土壤重金属暴露途径包括经口摄入、皮肤接触、吸入三种途径。各种摄入途径的计算公式分别如下，成人、儿童评估时相应系数会有不同。

$$CDI_{经口} = \frac{c \times IngR \times CF \times EF \times ED}{BW \times AT} \tag{3-25}$$

$$CDI_{吸入} = \frac{c \times InhR \times EF \times ED}{PEF \times BW \times AT} \tag{3-26}$$

$$CDI_{皮肤} = \frac{c \times SA \times CF \times AF \times ABS \times EF \times ED}{BW \times AT} \tag{3-27}$$

式中，$CDI_{经口}$、$CDI_{吸入}$、$CDI_{皮肤}$ 分别为经口摄入、吸入及皮肤接触途径的慢性日均暴露量，mg/（kg·d）；c 为土壤重金属检测结果，mg/kg；IngR 是摄入土壤的频率，儿童 200mg/d，成年人 100mg/d；InhR 为呼吸频率，儿童 7.5m³/d，成年人 15m³/d；CF 为转换系数，10^{-6}kg/mg；EF 为暴露频率，87.5d/a；ED 为暴露年限，儿童 6a，成年人 24a；SA 为暴露皮肤表面积，儿童 2800cm²，成年人 5700cm²；AF 为皮肤黏着度，儿童 0.07mg/（cm·d），成年人 0.2mg/（cm·d）；ABS 为皮肤吸收因子，0.001；PEF 为灰尘排放因子，1.36×10^9m³/kg；BW 为平均体重，儿童 15.9kg，成年人 55.9kg；AT 为重金属平均暴露时间，ED×365d/a（非致癌），70×365d/a（致癌）。参考 EPA 健康风险评估方法、国内相关研究。

各暴露途径的非致癌风险计算见式（3-10）、式（3-11）和式（3-12），多途径暴露的非致癌风险危害指数计算见式（3-16）。

如果计算出非致癌风险危害指数小于等于 1.0 的风险是可以接受的。

致癌风险为长期的每日摄入量与 SF 的乘积，表示如果暴露于该种化学物质而导致一生中超过正常水平的癌症发病率，计算公式如下：

$$Risk = CDI \times SF \tag{3-28}$$

式中，Risk 为致癌风险；SF 为癌症斜率因子，[mg/（kg·d）]$^{-1}$。

3. 案例结果

1）重金属污染情况

农田土壤样品重金属检测结果统计见表 3-18，铅、镉、铬的浓度分别为 47.27±46.30mg/kg、0.27±0.74mg/kg、49.30±46.12mg/kg，平均浓度由低到高为镉＜铅＜铬；铅、镉、铬浓度超标点位率分别为 0.42%（2/480）、18.13%（87/480）、3.75%（18/480）；超背景值浓度点位率分别为 58.33%（280/480）、86.88%（417/480）、35.42%（170/480）。与全国土壤污染状况调查公报公布数据相比，除铅污染超标点位率比全国水平低外，镉、铬污染超标点位率都是全国超标点位率的两倍以上。

表 3-18　广东省 2016 年土壤中重金属污染总体情况

重金属	$\bar{x}\pm s$ / （mg/kg）	最小值/ （mg/kg）	中位数/ （mg/kg）	最大值/ （mg/kg）	超限值点位 数	超背景值点 位数
Pb	47.27±46.30	4.00	40.05	723.00	2	280
Cd	0.27±0.74	0.00	0.16	15.00	87	417
Cr	49.30±46.12	0.30	40.20	313.00	18	170

注：限值根据《土壤环境质量标准》（GB 15618—1995）二级标准进行评价，背景值根据《中国土壤元素背景值》中广东 A 层土壤中的背景值算数平均数进行评价。

　　2）潜在生态风险评价

　　根据检测结果计算得到潜在生态风险评价结果，见表 3-19，铅、镉、铬单项潜在生态风险指数平均值分别为 6.57、143.64、1.95，潜在生态风险分级依次为轻微、很强、轻微水平；综合潜在生态风险指数处于轻微、中等、较强、很强风险分级的分别占 14%、27%、33%、26%，综合潜在生态风险指数中镉的贡献率最大，潜在生态风险指数百分位数面积图见图 3-8。

表 3-19　土壤重金属潜在生态污染指数

项目	E			RI
	Pb	Cd	Cr	
平均值	6.57	143.64	1.95	152.16
最小值	0.56	0.00	0.01	2.07
中位数	5.56	85.98	1.59	94.93
最大值	100.42	8035.71	12.40	8041.73

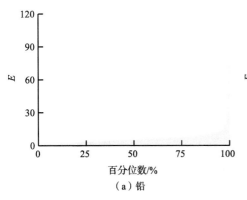

（a）铅

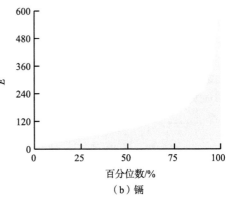

（b）镉

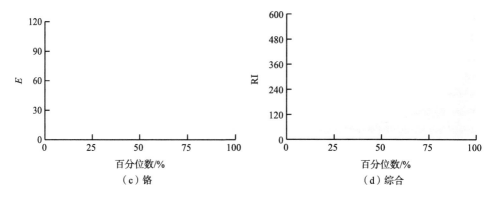

图 3-8　不同重金属元素单项潜在生态风险指数

对 6 个采样地区进行综合潜在生态风险评估，综合潜在生态风险指数百分位数面积图如图 3-9 所示。各地区的综合潜在生态风险水平具有差异性，综合潜在生态风险指数由大到小分别为北部＞珠三角 2 地区＞东部＞珠三角 1 地区＞西部＞南部，各地区较强及以上潜在生态风险等级的占比分别为 85%、74%、62%、58%、56%、28%。

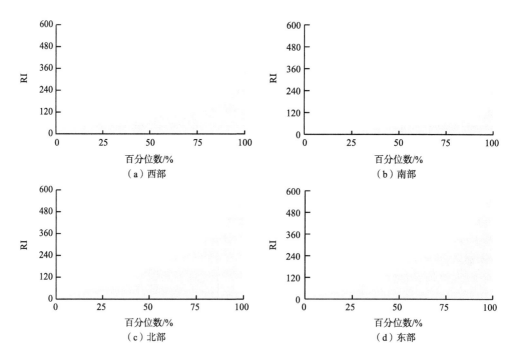

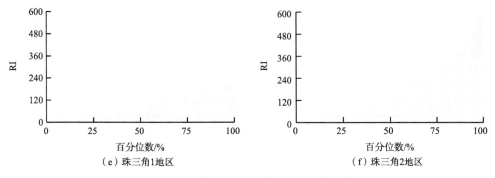

（e）珠三角1地区　　　　　　　　　（f）珠三角2地区

图 3-9　不同地区综合潜在生态风险指数

3）健康风险评估

针对三种重金属进行非致癌风险评价（表 3-20），铅、镉、铬的儿童慢性非致癌风险指数平均值分别为 0.04、8.12×10^{-4}、0.15，成人非致癌风险指数平均值分别为 5.862×10^{-3}、1.18×10^{-4}、2.9611×10^{-2}，儿童慢性非致癌风险均大于成人，但对儿童、成人均不存在显著的非致癌健康影响。金属镉儿童致癌风险指数 99%小于 1×10^{-6}，成人致癌风险指数均小于 1×10^{-6}，处于致癌风险可接受范围（图 3-10）。

表 3-20　土壤重金属健康风险指数

健康效应	重金属	人群	$\bar{x}$	s	最小值	最大值
慢性非致癌风险	Pb	成人	0.005862	0.005742	0.000496	0.000496
		儿童	0.040775	0.039939	0.00345	0.623621
	Cd	成人	0.000118	0.000324	0	0.006577
		儿童	0.000812	0.002236	0	0.0454
	Cr	成人	0.029611	0.027699	0.000181	0.18798
		儿童	0.153835	0.143904	0.000942	0.976602
致癌风险	Cd	成人	4.46×10^{-9}	1.23×10^{-8}	0	2.49×10^{-7}
		儿童	1.07×10^{-7}	2.95×10^{-7}	0	5.99×10^{-6}

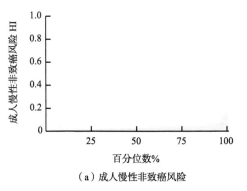

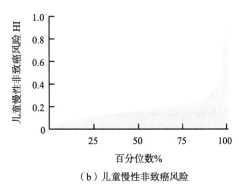

（a）成人慢性非致癌风险　　　　　　　　　（b）儿童慢性非致癌风险

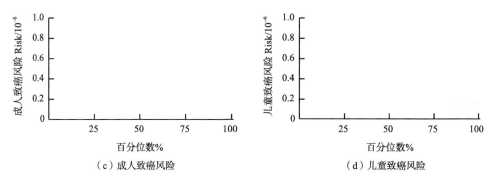

图 3-10　不同人群的健康风险

4. 案例小结

本案例通过在广东省东部、西部、北部、南部和珠三角 1 地区、珠三角 2 地区一共 6 个地区的农田共选择了 480 个监测点采集土壤，检测土样中铅、镉、铬三种重金属含量，监测结果显示超标点位率镉＞铬＞铅，超背景值点位率与超标点位率一致，分别为镉＞铬＞铅。重金属综合潜在生态风险指数显示多数点位处于中等级以上风险状态，单项潜在生态风险指数显示镉＞铅＞铬。综合潜在生态风险评价结果是北部＞珠三角 2 地区＞东部＞珠三角 1 地区＞西部＞南部，除北部可能受当地地质条件影响外，其他监测地区风险指数基本和经济发展水平一致，重金属污染情况和经济发展水平有可能存在一定的正相关关系。对比三种重金属，镉的生态风险相对更严重一些，在防治过程中建议优先受到重视。监测数据提示重金属多种途径下慢性非致癌风险儿童均大于成人，但对儿童、成人均无显著的非致癌健康影响、非致癌健康总风险存在；重金属镉的致癌风险未超过 $10^{-6} \sim 10^{-4}$，也没有致癌风险。同一种重金属相同暴露浓度情况下，儿童会比成人面临更高的非致癌风险和致癌风险。

本案例存在一些不足之处。例如，监测数据不充分而导致的不确定性，广东省一共有 119 个县级行政区，但是，本节仅覆盖其中的 24 个区县中的 480 个村，每村也仅选取了 1 个采样点监测，空间代表性有一定的局限；本节针对重金属间可能存在的相互作用研究不充分，在评估几种重金属联合作用风险时，仅采用简单的相加求和方式进行计算，几种重金属相互间是否存在拮抗等其他作用还尚需研究；评估模型本身固有的缺陷，使用的风险评估模型虽然是公认和应用较广泛的模型，但暴露情景、代谢过程模型估计和真实情况存在差别等会产生不确定性。

3.4.4 饮用水中消毒副产物的健康风险评估

1. 研究背景及目标

饮水安全是人类面临的重要问题。为避免因摄入含有细菌、病毒或其他微生物的饮用水而导致疾病发生，通常需要对水源进行消毒，之后才能供人类饮用。氯化消毒是最常见的饮用水消毒方式，氯化消毒在杀灭细菌和病毒的同时，也引入了消毒副产物（DBPs），并由此导致了人体健康的不利影响。三卤甲烷（THMs）和卤乙酸（HAAs）是氯化消毒饮用水中形成的两类最常见的消毒副产物（Lee et al.，2004；Krasner et al.，2006；Viana et al.，2009；Amjad et al.，2013；Mishra et al.，2014；Pan et al.，2014；Liu et al.，2020）。一些流行病学研究表明，消毒副产物暴露与脑癌（Cantor et al.，1999）、膀胱癌（Hrudey et al.，2015；Diana et al.，2019）、结肠癌和直肠癌（Rahman et al.，2014）风险增加存在联系。此外，消毒副产物暴露也被证明与非癌症效应有关，如神经毒理学效应（Moser et al.，2007）及其他不良健康影响（Nieuwenhuijsen et al.，2000；Hamidin et al.，2008）。

CRPF 法整合了剂量和剂量–反应关系，获得多途径化学混合物暴露的健康风险估计值（Teuschler et al.，2000，2004；Howd and Fan，2008）。然而，DBPs 的吸入和皮肤毒性数据有限。因此，CRPF 法尚未被广泛应用于评估 DBPs 多途径暴露的健康风险（Howd and Fan，2008）。有研究报道，采用加和法评估多途径饮用水中 DBPs 暴露的累积健康风险（Lee et al.，2004；Viana et al.，2009；Amjad et al.，2013；Mishra et al.，2014；Pan et al.，2014）。一项来自巴西的研究，采用加和法计算多途径 THMs 的总癌症风险超过了 10^{-4} 水平（Viana et al.，2009）。一项印度的研究（Mishra et al.，2014）和三项巴基斯坦研究（Amjad et al.，2013；Karim et al.，2013；Siddique et al.，2015）也采用这种方法来计算 DBPs 暴露的癌症风险，印度和巴基斯坦的饮用水中 DBPs 暴露的癌症风险也高于 10^{-4}，这意味着暴露于饮用水中的 DBPs 导致的高癌症风险是一个全球性问题。台湾（Wang et al.，2007）、香港（Lee et al.，2004）和中国其他地区（Pan et al.，2014）均有 DBPs 暴露的高健康风险的报道。

用不同消毒方法消毒的饮用水中 DBPs 的数量和浓度一般不同。根据研究报道，二氧化氯（ClO_2）产生的 THMs 和 HAAs 少于使用液氯消毒的饮用水（Richardson et al.，2000；Han et al.，2017）。在臭氧消毒的饮用水中未发现卤化消毒副产物（Richardson et al.，2000）。评估不同工艺消毒的饮用水中 DBPs 暴露的健康风险对于保护人群健康具有重要意义。

本节旨在对我国部分代表性地区用不同消毒方法消毒的饮用水中消毒副产物暴露的健康风险进行评估，分析其健康风险特征，有助于有针对性地采取措施降低饮用水消毒副产物暴露的健康风险，以保护人类健康。

2. 研究方法

1）研究设计

对 2013～2019 年中国典型地区采用不同消毒方法的一些具有代表性的水厂的饮用水样品进行了 DBPs 分析（图 3-11）。基于经典的加和法（Lee et al.，2004；Wang et al.，2007；Amjad et al.，2013）评估不同消毒方法消毒后饮用水中消毒副产物的累积致癌风险和非致癌风险。通过描述性和分层分析来了解我国饮用水中 DBPs 健康风险的特征和影响因素，旨在为采取措施降低相关健康风险提供重要信息。

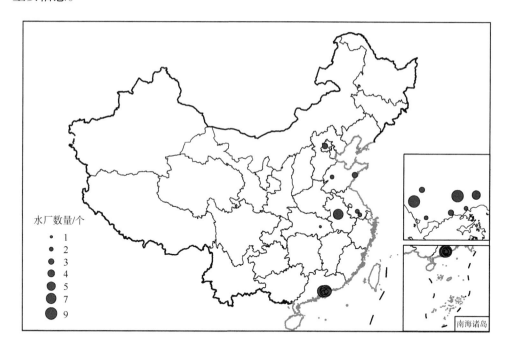

图 3-11　水厂分布图

2）案例数据

饮用水样品采集于 2013～2019 年的丰水期和枯水期，包括出厂水、二次供水和末梢水三种类型的样品，来自中国 6 个省份 15 个区县的 57 家自来水厂。根据我国饮用水相关标准[《生活饮用水标准检验方法 消毒副产物指标》（GB/T 5750.10

—2006）、《生活饮用水标准检验方法 有机物指标》（GB/T 5750.8—2006）、《生活饮用水卫生标准》（GB 5749—2006）]对包括 CHCl₃、CHBrCl₂、CHBr₂Cl、CHBr₃ 在内的 THMs 和包括 CCl₃COOH、CHCl₂COOH 在内的 HAAs 进行了分析。低于检出限的消毒副产物浓度使用检出限的一半代替。

3）研究方法

a. 计算慢性日均暴露量（CDI）

首先，分别计算经口摄入、皮肤接触和吸入途径的每种消毒副产物的 CDI（Lee et al.，2004；Amjad et al.，2013；Siddique et al.，2015）。淋浴被认为是饮用水中消毒副产物吸入和皮肤接触的主要途径（Wang et al.，2007；Pardakhti et al.，2011）。公式如下：

$$\text{CDI}_{\text{ing}} = \frac{C_{\text{w-}i} \times \text{IR} \times \text{EF} \times \text{ED}}{\text{BW} \times \text{AT}} \tag{3-29}$$

$$\text{CDI}_{\text{der}} = \frac{C_{\text{w-}i} \times \text{SA} \times \text{PC} \times \text{EF} \times \text{ED} \times \text{ET}}{\text{BW} \times \text{AT}} \tag{3-30}$$

$$\text{CDI}_{\text{inh}} = \frac{C_{\text{air-}i} \times \text{VR} \times \text{EF} \times \text{ED} \times \text{ET}}{\text{BW} \times \text{AT}} \tag{3-31}$$

$C_{\text{air-}i}$ 基于如下公式进行计算（Little，1992）：

$$C_{\text{air}} = \frac{C_0 + C_t}{2} \tag{3-32}$$

$$C_t = \left(\frac{a}{b}\right)\left(1 - \text{e}^{-bt}\right) \tag{3-33}$$

$$a = \frac{C_{\text{w-}i} \times Q_{\text{L}} \times \left(1 - \text{e}^{-K/Q_{\text{L}}}\right)}{V_{\text{s}}} \tag{3-34}$$

$$b = \frac{\left[\dfrac{Q_{\text{L}}\left(1 - \text{e}^{-K/Q_{\text{L}}}\right)}{H_i}\right] + Q_{\text{G}}}{V_{\text{s}}} \tag{3-35}$$

$$H_i = H_{i\text{-}20\text{℃}}\left[10^{-B\left(\frac{1}{T} - \frac{1}{293}\right)}\right] \tag{3-36}$$

相关变量及参数详见表 3-21 和表 3-22。

表 3-21　健康风险评估所需变量表

变量	参数	数值	单位	参考文献
$C_{w\text{-}i}$	饮用水中成分 i 的浓度		μg/L	
IR	经口摄入率		L/d	环境保护部，2013a, 2016a, 2016b
EF	暴露频率	365	d/a	
ED	暴露周期		a	
AT	平均时间		d	
BW	体重		kg	环境保护部，2013a, 2016a, 2016b
SA	皮肤接触面积		m²	环境保护部，2013a, 2016a, 2016b
PC	皮肤渗透系数	见表 3-22	cm/h	RAIS，2019
ET	洗澡时间		min/d	环境保护部，2013a, 2016a, 2016b
$C_{air\text{-}i}$	淋浴时空气中成分 i 的浓度		μg/L	
VR	呼吸速率		L/min	环境保护部，2013a, 2016a, 2016b
C_0	DBPs 的原始浓度	0	μg/L	Amjad et al.，2013
C_t	t 时刻的 DBPs 的浓度		μg/L	
a	参数 a	见表 3-22	μg/（L·min）	
b	参数 b	见表 3-22	min⁻¹	
t	时间 t	洗澡时间	min	
Q_L	水流速	5	L/min	Viana et al.，2009
K	转换系数	7.4	L	Viana et al.，2009
V_s	浴室空间	1.2	m³	Viana et al.，2009
Q_G	空气流速	50	L/min	Viana et al.，2009
H_i	成分 i 的亨利常数	见表 3-22	无量纲	Little，1992；Staudinger and Roberts，2001
T	温度	313（=40℃）	K	
B	斜率	见表 3-22	—	Staudinger and Roberts，2001

表 3-22　消毒副产物相关化学参数表及来源

消毒副产物	皮肤渗透系数 (PC)/(cm/h)	参考文献	亨利常数 (H_i) (20℃)	斜率 (B)	参考文献 (H_i 和 B)	亨利常数 (40℃)	参数 b/min^{-1}	参数 a/C_{w-i}
CCl$_3$COOH	0.00145	RAIS，2020	3.42×10^{-7}	3634	Staudinger and Roberts，2001	2.12×10^{-6}	1517.361	0.003218
CHBr$_3$	0.00235	RAIS，2020	1.75×10^{-2}	2120	Staudinger and Roberts，2001	5.07×10^{-2}	0.105089	0.003218
CHBrCl$_2$	0.00402	RAIS，2020	7.60×10^{-2}	2130	Staudinger and Roberts，2001	2.21×10^{-1}	0.056197	0.003218
CHCl$_2$COOH	0.00121	RAIS，2020	2.20×10^{-7}	3352	Staudinger and Roberts，2001	1.18×10^{-6}	2717.603	0.003218
CHCl$_3$	0.00683	RAIS，2020	1.26×10^{-1}	1830	Staudinger and Roberts，2001	3.16×10^{-1}	0.051856	0.003218
CHBr$_2$Cl	0.00289	RAIS，2020	3.50×10^{-2}	2273	Staudinger and Roberts，2001	1.10×10^{-1}	0.071033	0.003218

b. 致癌风险计算

使用加和法计算多暴露途径的累积致癌风险。首先分别计算经口摄入、皮肤接触、吸入途径的致癌风险，每种暴露途径的致癌风险为该暴露途径下每种消毒副产物（CDI）与斜率因子乘积之和。然后将多种暴露途径的致癌风险相加，形成饮用水中消毒副产物的累积致癌风险。致癌风险使用 Risk 表示，Risk 为 10^{-6}，表示每一百万人中将有一个人会有罹患癌症的风险。一般来说，Risk$>10^{-6}$ 表示有一定的致癌风险，Risk$>10^{-4}$ 表示致癌风险较高，超过可接受水平。评估风险所需的参数见表 3-23。

$$\text{Risk}_{ing} = \sum_{i=1}^{n} \text{CDI}_{ing} \times \text{SF}_{ing} \tag{3-37}$$

$$\text{Risk}_{der} = \sum_{i=1}^{n} \text{CDI}_{der} \times \text{SF}_{der} \tag{3-38}$$

$$\text{Risk}_{inh} = \sum_{i=1}^{n} \text{CDI}_{inh} \times \text{SF}_{inh} \tag{3-39}$$

$$\text{Risk} = \text{Risk}_{ing} + \text{Risk}_{der} + \text{Risk}_{inh} \tag{3-40}$$

表 3-23　消毒副产物的毒理学系数

消毒副产物	95%上线 SF_{ing}（MLE）/（kg·d/mg）	RPF_{ing}/（$\text{SF}/\text{SF}_{reference}$）	SF_{der}/（kg·d/mg）	SF_{inh}/（kg·d/mg）	R_fD/（kg·d/mg）
基因毒性亚组					
CHBrCl$_2$	6.20×10^{-2}（5.70×10^{-3}）	1.00	6.20×10^{-2}	0.13	1×10^{-2}
CHBr$_2$Cl	8.40×10^{-2}	1.35	8.40×10^{-2}	0.095	2×10^{-2}
CHBr$_3$	7.90×10^{-3}	0.13	7.90×10^{-3}	0.00385	2×10^{-2}
非基因毒性亚组					
CHCl$_2$COOH	4.80×10^{-2}（1.50×10^{-2}）	1.00	4.80×10^{-2}		4×10^{-3}
CCl$_3$COOH	8.40×10^{-2}	1.75	8.40×10^{-2}		2×10^{-2}
CHCl$_3$	3.1×10^{-2}	0.65	3.1×10^{-2}	8.05×10^{-5}	1×10^{-2}

注：CHBrCl$_2$、CHBr$_2$Cl、CHBr$_3$ 和 CHCl$_2$COOH 经口摄入和皮肤接触途径的 SF 来源于 IRIS（2020），MLE 是 SF 的 95%上线，MLE 与 SF 来源于同一个剂量-反应模型。CCl$_3$COOH 经口摄入和皮肤接触途径的 SF 来源于 Bull 和 Kopfler（1991）的研究。CHCl$_3$ 经口摄入和皮肤接触途径的 SF，CHCl$_3$、CHBrCl$_2$、CHBr$_2$Cl、CHBr$_3$ 吸入途径的 SF 来源于 Pardakhti 等（2011）的研究。R_fD 来源于 IRIS（2020）。

c. 非致癌风险计算

非致癌风险使用危害指数（HI）表示。首先计算每种成分每种暴露途径下的

HQ，HQ 为该成分在该暴露途径下的 CDI 与 RfD 的比值。然后计算每种暴露途径下所有成分的 HI，HI 为该暴露途径下所有成分的 HQ 的和。最后计算三种暴露途径的 HI 总和，即为消毒副产物的累积非致癌风险。风险评估所需的参数见表 3-24。一般来说，HI≤1 表示暴露量未超过不良反应阈值，非致癌风险较低；HI>1 表示暴露量超过不良反应阈值，非致癌风险较高，应引起关注。

通过分层分析揭示饮用水中 DBPs 暴露的健康风险特征。将数据分为几个亚组，以计算不同消毒方法、枯水期和丰水期、农村和城市地区、地表水和地下水水源的饮用水 DBPs 的健康风险。此外还估算了不同性别和年龄人群的健康风险。

4）敏感性分析

将低于检出限的 DBPs 浓度分别替换为 0、检出限和检出限的一半，分别计算DBPs 的健康风险，并比较结果，分析数据处理带来的影响。

本节考虑了中国人喝白开水习惯对于降低饮用水消毒副产物健康风险的影响。饮用水煮沸可以去除部分 DBPs。Wang 等（2007）报道饮用自来水的健康风险是饮用白开水健康风险的 4.77～5.08（中位数为 5.00）倍。本节使用中位数 5.00倍的关系来估计经口摄入途径接触开水中 DBPs 的健康风险，通过吸入途径和皮肤接触途径的健康风险不受该敏感性分析的影响。

本节比较了基于不同健康风险计算方法的健康风险结果。CRPF 法是另一种计算 DBPs 致癌风险的方法，然而，DBPs 的吸入途径和皮肤接触途径的相关毒性数据非常有限，因此 CRPF 法仅用于经口摄入途径的健康风险评估（Howd and Fan，2008）。因此，使用 CRPF 法估计经口摄入途径的 DBPs 暴露的致癌风险。

首先，通过 CRPF 法（Howd and Fan，2008）计算了 ICED。DBPs 根据毒性模式分为两组：$CHBrCl_2$、$CHBr_2Cl$ 和 $CHBr_3$ 是基因毒性组；$CHCl_2COOH$、CCl_3COOH 和 $CHCl_3$ 是非基因毒性组。$CHBrCl_2$ 是基因毒性组的指示化学物；$CHCl_2COOH$ 是非基因毒性组的指示化学物。其次，ICED 的每个成分都是通过CDI 乘以 RPF 来计算的。最后，各成分的 ICED 的总和形成每个组的 ICED。

每个组的 ICED 的乘积和组的指示化学物斜率因子的 MLE 提供了该组致癌风险的集中趋势估计。然后将两组风险进行加和，以获得混合物累积致癌风险。最后，将基于 CRPF 法计算的结果与基于加和法计算的结果进行了比较，以考察健康风险结果的稳定性。

3. 研究结果

1）污染物浓度

本节收集了来自我国 15 个代表区县 57 家自来水厂的 294 份饮用水样品，检测样品中 CHCl$_3$、CHBrCl$_2$、CHBr$_2$Cl、CHBr$_3$、CHCl$_2$COOH、CCl$_3$COOH 六种消毒副产物的浓度。图 3-12 展示了不同消毒方式的饮用水中消毒副产物的浓度。消毒方式包括漂白粉、二氧化氯、液氯、次氯酸钠和其他消毒方式，其他消毒方式包括一氯胺、臭氧和紫外线消毒。六种消毒副产物的平均浓度范围为 1.6～13.3μg/L。总体而言，CHCl$_3$ 在所有的消毒方式中浓度整体较高，平均浓度为13.3μg/L。其次浓度较高的为 CHBrCl$_2$。CHBr$_3$ 的浓度是六种消毒副产物中最低的。使用液氯、漂白粉消毒的饮用水中消毒副产物浓度相对高于使用二氧化氯和次氯酸钠消毒的饮用水。

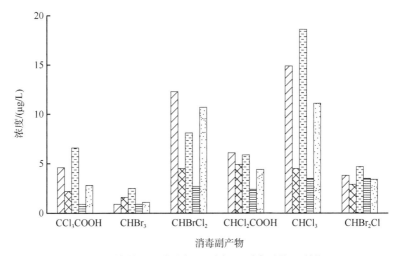

图 3-12 不同消毒方式饮用水中 DBPs 的浓度

表 3-24 展示了饮用水中消毒副产物的特征。总体来看，丰水期饮用水中消毒副产物的浓度高于枯水期。城市饮用水中消毒副产物浓度高于农村饮用水。以地下水为水源的饮用水中消毒副产物高于以地表水为水源的饮用水。水样类型包括出厂水、二次供水和末梢水，出厂水中 CHBr$_3$ 和 CHBr$_2$Cl 含量高于二次供水和末梢水，出厂水中 CCl$_3$COOH、CHCl$_2$COOH 和 CHCl$_3$ 含量低于二次供水和末梢水。

表 3-24 饮用水中消毒副产物的特征

分层变量	Mean±SD/（μg/L）					
	CCl$_3$COOH	CHBr$_3$	CHBrCl$_2$	CHCl$_2$COOH	CHCl$_3$	CHBr$_2$Cl
水期						
枯水期	4.2±7.0	2.2±2.6	4.7±7.1	3.0±2.6	5.1±8.1	5.3±6.7
丰水期	4.5±5.7	1.6±2.5	9.5±6.0	5.4±5.2	14.7±13.1	3.8±4.4

续表

分层变量	Mean±SD/（μg/L）					
	CCl₃COOH	CHBr₃	CHBrCl₂	CHCl₂COOH	CHCl₃	CHBr₂Cl
城乡						
农村	0.5±0.0	3.0±0.0	6.0±0.0	2.5±0.0	1.9±0.2	5.6±0.4
城市	4.5±5.8	1.6±2.5	9.1±6.3	5.2±5.1	14.0±13.0	4.0±4.6
水源						
地表水	2.2±2.6	0.5±0.9	0.3±0.2	3.3±5.6	0.1±0.1	0.2±0.2
地下水	4.7±5.9	1.7±2.6	9.8±6.0	5.4±6.0	15.0±12.9	4.3±4.7
水样类型						
出厂水	4.0±5.1	1.7±2.7	9.0±6.5	5.0±5.1	13.2±13.1	4.2±4.9
二次供水	9.5±9.9	1.0±1.2	8.2±5.2	6.4±4.4	16.7±7.9	2.7±1.9
末梢水	6.1±6.8	1.1±1.2	9.7±4.1	6.1±4.6	18.0±13.3	2.8±1.3

2）健康风险

a. 致癌风险

消毒副产物的累积致癌风险以及经口摄入途径、皮肤接触途径和吸入途径的致癌风险见表 3-25。总体而言，所有消毒方式的消毒副产物的累积致癌风险为 $8.63×10^{-5}$。使用漂白粉和液氯消毒的饮用水中消毒副产物的累积致癌风险甚至在 10^{-4} 以上。其余三种消毒方式的消毒副产物累积致癌风险范围为 $3.34×10^{-5}$～$8.83×10^{-5}$。饮用水中消毒副产物的累积致癌风险相对较高。

表 3-25　不同消毒方式的消毒副产物的健康风险

消毒方式	Risk				HI			
	经口摄入	皮肤接触	吸入	总计	经口摄入	皮肤接触	吸入	总计
漂白粉	$5.89×10^{-5}$	$2.20×10^{-7}$	$4.59×10^{-5}$	$1.05×10^{-4}$	$1.25×10^{-1}$	$5.53×10^{-4}$	$6.98×10^{-2}$	$1.95×10^{-1}$
二氧化氯	$2.66×10^{-5}$	$8.31×10^{-8}$	$2.42×10^{-5}$	$5.09×10^{-5}$	$6.82×10^{-2}$	$2.20×10^{-4}$	$2.63×10^{-2}$	$9.47×10^{-2}$
液氯	$5.97×10^{-5}$	$2.20×10^{-7}$	$4.15×10^{-5}$	$1.01×10^{-4}$	$1.35×10^{-1}$	$5.91×10^{-4}$	$7.14×10^{-2}$	$2.07×10^{-1}$
次氯酸钠	$1.53×10^{-5}$	$5.36×10^{-8}$	$1.81×10^{-5}$	$3.34×10^{-5}$	$4.12×10^{-2}$	$1.50×10^{-4}$	$1.96×10^{-2}$	$6.09×10^{-2}$
其他	$4.52×10^{-5}$	$1.74×10^{-7}$	$4.30×10^{-5}$	$8.83×10^{-5}$	$9.49×10^{-2}$	$4.32×10^{-4}$	$5.67×10^{-2}$	$1.52×10^{-1}$
总计	$4.99×10^{-5}$	$1.83×10^{-7}$	$3.62×10^{-5}$	$8.63×10^{-5}$	$1.10×10^{-1}$	$4.74×10^{-4}$	$5.90×10^{-2}$	$1.70×10^{-1}$

对于不同的暴露途径，消毒副产物经口摄入途径和吸入途径暴露对饮用水中消毒副产物的致癌风险贡献最大，两者致癌风险相当，均在 10^{-5} 左右，约为皮肤接触途径风险的几百倍。

对于不同的消毒方式，漂白粉或液氯消毒的饮用水致癌风险相对较高。相比之下，使用 NaClO 或 ClO$_2$ 消毒的饮用水致癌风险相对较低。消毒副产物非致癌风险也表现了类似的特征。

b. 非致癌风险

对于非致癌风险，DBPs 多途径暴露的总 HI 和各途径暴露的 HI 分别见表 3-25。DBPs 暴露的总 HI 为 $1.70×10^{-1}$，不同消毒方式的饮用水中 DBPs 的 HI 范围为 $6.09×10^{-2}$～$2.07×10^{-1}$。综上所述，我国代表性地区饮用水中 DBPs 的非致癌风险低于 1，处于可接受水平。

对于非致癌作用，通过经口摄入途径和吸入途径暴露 DBPs 仍然是饮用水中 DBPs 健康风险的主要来源。DBPs 通过经口摄入途径、吸入途径和皮肤接触途径暴露的 HI 分别为 $1.10×10^{-1}$、$5.90×10^{-2}$ 和 $4.74×10^{-4}$。经口摄入途径的 HI 略高于吸入途径，比皮肤接触途径的 HI 高数百倍。

3）健康风险特征

表 3-26 显示了不同亚组的 DBPs 暴露对致癌效应和非致癌效应的健康风险。

表 3-26 不同亚组 DBPs 暴露的健康风险

分层变量		总 Risk	总 HI
水期	枯水期	$5.66×10^{-5}$	$9.52×10^{-2}$
	丰水期	$9.39×10^{-5}$	$1.80×10^{-1}$
地区	农村	$4.67×10^{-5}$	$7.25×10^{-2}$
	城市	$8.15×10^{-5}$	$1.36×10^{-1}$
水源	地表水	$1.27×10^{-5}$	$3.21×10^{-2}$
	地下水	$9.77×10^{-5}$	$1.84×10^{-1}$
水样类型	末梢水	$8.51×10^{-5}$	$1.67×10^{-1}$
	出厂水	$9.93×10^{-5}$	$1.96×10^{-1}$
	二次供水	$9.93×10^{-5}$	$2.02×10^{-1}$
性别	女性	$8.51×10^{-5}$	$1.65×10^{-1}$
	男性	$8.90×10^{-5}$	$1.72×10^{-1}$
年龄	[1，2）	$2.04×10^{-4}$	$4.00×10^{-1}$
	[2，3）	$2.00×10^{-4}$	$3.63×10^{-1}$
	[3，4）	$1.99×10^{-4}$	$3.52×10^{-1}$
	[4，5）	$1.62×10^{-4}$	$2.90×10^{-1}$
	[5，6）	$1.62×10^{-4}$	$2.86×10^{-1}$
	[6，9）	$1.83×10^{-4}$	$3.22×10^{-1}$

续表

分层变量		总 Risk	总 HI
年龄	[9，12）	1.69×10^{-4}	2.91×10^{-1}
	[12，15）	1.40×10^{-4}	2.41×10^{-1}
	[15，18）	1.14×10^{-4}	1.61×10^{-1}
	[18，∞）	9.02×10^{-5}	1.70×10^{-1}

从时间特征来看，丰水期饮用水中 DBPs 暴露的健康风险是枯水期的 1.7 倍。DBPs 在丰水期和枯水期的致癌风险的数量级均为 10^{-5}，丰水期和枯水期 DBPs 暴露的 HI 均低于 1。从区域特征来看，城市饮用水 DBPs 暴露的健康风险大约是农村饮用水的两倍。此外，以地下水为水源的饮用水中 DBPs 暴露的健康风险也不同于以地表水为水源的饮用水。前者的饮用水中 DBPs 暴露的健康风险高于后者。对于不同类型样品的健康风险，出厂水样品、二次供水样品和末梢水样品中 DBPs 的致癌风险数量级均为 10^{-5}，三类样品中 DBPs 的 HI 数量级均为 10^{-1}。不同类型样品的健康风险略有不同，末梢水样品中 DBPs 的健康风险略低于其他两种类型的样品。

对于不同人群的健康风险特征，男性与女性暴露 DBPs 的健康风险相当。但不同年龄段的人群的健康风险之间存在差异。成人致癌风险为 9.02×10^{-5}，而各年龄段儿童致癌风险均在 10^{-4} 以上。儿童暴露饮用水 DBPs 的健康风险高于成人。此外，年龄越小，他们面临的健康风险就越高。

4）敏感性分析

表 3-27 显示了敏感性分析的结果。分别用 0 和检出限替换了低于检出限的 DBPs 的浓度数据，计算了相应的健康风险，与本节主要结果进行对比。结果表明，0、1/2 检出限和检出限替代组的健康风险没有显著差异。

表 3-27　饮用水 DBPs 健康风险的敏感性分析结果

敏感性分析变量	Risk				HI			
	经口摄入	皮肤接触	吸入	总计	经口摄入	皮肤接触	吸入	总计
低于检出限的替代值								
0	4.70×10^{-5}	1.79×10^{-7}	3.62×10^{-5}	8.34×10^{-5}	1.03×10^{-1}	4.65×10^{-4}	5.90×10^{-2}	1.63×10^{-1}
检出限	5.29×10^{-5}	1.90×10^{-7}	3.63×10^{-5}	8.94×10^{-5}	1.16×10^{-1}	4.91×10^{-4}	6.05×10^{-2}	1.77×10^{-1}
1/2 检出限	4.99×10^{-5}	1.83×10^{-7}	3.62×10^{-5}	8.63×10^{-5}	1.10×10^{-1}	4.74×10^{-4}	5.90×10^{-2}	1.69×10^{-1}
水是否经过煮沸								
煮沸	9.98×10^{-6}	1.83×10^{-7}	3.62×10^{-5}	4.64×10^{-5}	2.20×10^{-2}	4.74×10^{-4}	5.90×10^{-2}	8.15×10^{-2}
未进行煮沸	4.99×10^{-5}	1.83×10^{-7}	3.62×10^{-5}	8.63×10^{-5}	1.10×10^{-1}	4.74×10^{-4}	5.90×10^{-2}	1.70×10^{-1}

考虑到经口接触煮沸的饮用水的影响，总致癌风险变为原来致癌风险的 0.54 倍，总 HI 变为原来 HI 的 0.48 倍。

将加和法计算的经口摄入途径致癌风险与 CRPF 方法计算的风险进行比较。所有消毒方法使用加和法评估的致癌风险为 4.99×10^{-5}，使用 CRPF 法评估的相应致癌风险为 1.26×10^{-5}。

4. 案例小结

本节估算了我国不同消毒方式下饮用水中 DBPs 暴露的健康风险，对于从源头控制饮用水 DBPs 暴露的健康风险具有重要意义。我国典型地区多途径暴露饮用水中 DBPs 累积致癌风险较高，多途径暴露饮用水 DBPs 总非致癌风险较低，处于可接受水平。该结果与其他相关研究一起表明，在一定程度上，有大量的人群饮用水中 DBPs 暴露的致癌风险较高。用不同消毒方法消毒的饮用水中 DBPs 的健康风险存在差异。有必要开发更健康的饮用水消毒技术，以降低人类暴露饮用水 DBPs 的健康风险。此外，我们分析了不同消毒方式消毒后的饮用水的健康风险特征，发现儿童的健康风险高于成人，应引起关注。本节为采取有针对性的措施降低饮用水 DBPs 暴露的健康风险提供了重要参考，这在其他国家和地区也同样适用。

参 考 文 献

程鹏，李叙勇. 2017. 洋河流域不同时空水体重金属污染及健康风险评价. 环境工程学报，11 (8): 4513-4519.

程雅柔. 2015. 贵阳市生活饮用水水质检测及健康风险评价. 贵阳：贵州师范大学.

崔亮亮，杜艳君，李湉湉. 2015. 环境健康风险评估方法 第二讲 危害识别（续一）. 环境与健康杂志，32 (4): 362-365.

邓春拓，何伦发，郭艳，等. 2017. 珠三角某市生活饮用水中化学污染物健康风险评价. 中华疾病控制杂志，21 (5): 523-527.

董淑江，尹艳. 2015. 句容市饮用水中三氯甲烷和四氯化碳健康风险评价. 现代预防医学，42 (21): 3867-3870.

杜艳君，班婕，孙庆华，等. 2016a. 环境健康风险的研究前沿及展望. 现代预防医学，43 (24): 4437-4439.

杜艳君，莫杨，李湉湉. 2015. 环境健康风险评估方法 第四讲 暴露评估（续三）. 环境与健康杂志，32 (6): 556-559.

杜艳君，张翼，李湉湉. 2016b. 北京市冬季住宅内 $PM_{2.5}$ 暴露水平及室内外关系的研究. 环境与健康杂志，33 (4): 283-286.

杜艳君，张翼，刘睿聪，等. 2016c. 成都市 $PM_{2.5}$ 中金属元素吸入暴露的慢性健康风险评估. 环境与健康杂志，33 (12): 1061-1064.

段振华，高绪芳，杜慧兰，等. 2015. 成都市空气 $PM_{2.5}$ 浓度与呼吸系统疾病门诊人次的时间序列研究. 现代预防医学，42 (4): 611-614.

方凤满. 2010. 中国大气颗粒物中金属元素环境地球化学行为研究. 生态环境学报，19 (4):

979-984.

符刚, 曾强, 赵亮, 等. 2015. 基于 GIS 的天津市饮用水水质健康风险评价. 环境科学, 36 (12): 4553-4560.

环境保护部. 2011. 环境空气 PM_{10} 和 $PM_{2.5}$ 的测定重量法 (HJ 618—2011). 北京: 中国环境科学出版社.

环境保护部. 2012. 环境空气质量标准 (GB 3095—2012). 北京: 中国环境科学出版社.

环境保护部. 2013a. 中国人群暴露参数手册 (成人卷). 北京: 中国环境科学出版社.

环境保护部. 2013b. 环境空气颗粒物 ($PM_{2.5}$) 手工监测方法 (重量法) 技术规范 (HJ 656—2013). 北京: 中国环境科学出版社.

环境保护部. 2013c. 空气和废气颗粒物中铅等金属元素的测定电感耦合等离子体质谱法 (HJ 657—2013). 北京: 中国环境科学出版社.

环境保护部. 2016a. 中国人群暴露参数手册 (儿童卷: 0~5 岁). 北京: 中国环境科学出版社.

环境保护部. 2016b. 中国人群暴露参数手册 (儿童卷: 6~17 岁). 北京: 中国环境科学出版社.

蒋国钦, 李明, 陶建华, 等. 2017. 西小江柯桥段饮用水的健康风险评估. 中国农村卫生事业管理, 37 (8): 930-932.

敬燕燕, 秦娟, 李洁, 等. 2015. 丰台区农村饮水安全工程水质化学污染健康风险评估. 环境卫生学杂志, 5 (2): 111-115.

李泓, 赵震, 刘茜. 2016. 北京市朝阳区饮用水健康风险评价. 中国人口资源与环境, 26 (S1): 320-322.

李湉湉. 2015. 环境健康风险评估方法　第一讲　环境健康风险评估概述及其在我国应用的展望 (待续). 环境与健康杂志, 32 (3): 266-268.

李湉湉, 杜艳君, 莫杨, 等. 2013. 我国四城市 2013 年 1 月雾霾天气事件中 $PM_{2.5}$ 与人群健康风险评估. 中华医学杂志, 93 (34): 2699-2702.

李新荣, 赵同科, 于艳新, 等. 2009. 北京地区人群对多环芳烃的暴露及健康风险评价. 农业环境科学学报, 28 (8): 1758-1765.

李新伟, 刘仲, 张扬, 等. 2014. 济南市农村集中式供水水质健康风险评价. 卫生研究, 43 (2): 309-310.

李友平, 刘慧芳, 周洪, 等. 2015. 成都市 $PM_{2.5}$ 中有毒重金属污染特征及健康风险评价. 中国环境科学, 35 (7): 2225-2232.

刘国红, 蓝涛, 徐新云, 等. 2014. 深圳市政供水健康风险评价. 环境卫生学杂志, 4 (2): 119-124.

秦晓蕾, 汤乃军, 陈曦, 等. 2011. 典型人群多环芳烃个体暴露特征和风险评估. 中国工业医学杂志, 24 (6): 406-416.

孙庆华, 杜宗豪, 杜艳君, 等. 2015. 环境健康风险评估方法　第五讲　风险表征 (续四). 环境与健康杂志, 32 (7): 640-642.

汪凝眉. 2015. 成都十里店地区冬季大气 $PM_{2.5}$ 的浓度及重金属含量特征. 广东微量元素科学, 22 (10): 24-27.

王婷, 王丽萍, 赵田禾, 等. 2019. 2018 年四川省江油市生活饮用水健康风险评价. 现代预防医学, 46 (12): 2261-2264, 2286.

王永杰, 贾东红, 孟庆宝, 等. 2003. 健康风险评价中的不确定性分析. 环境工程, 21 (6): 66-69.

王钊，韩斌，倪天茹，等. 2013. 天津市某社区老年人 $PM_{2.5}$ 暴露痕量元素健康风险评估. 环境科学研究，26（8）：913-918.

许克三. 2017. 2014—2016 年安徽省市政供水单位出厂水水质状况及 16 项指标的健康风险分析. 合肥：安徽医科大学.

张光贵，张屹. 2017. 洞庭湖区城市饮用水源地水环境健康风险评价. 环境化学，36（8）：1812-1820.

张恒，周自强，赵海燕，等. 2016. 青奥会前后南京 $PM_{2.5}$ 重金属污染水平与健康风险评估. 环境科学，37（1）：28-34.

张莉，祁士华，瞿程凯，等. 2014. 福建九龙江流域重金属分布来源及健康风险评价. 中国环境科学，34（8）：2133-2139.

张翼，杜艳君，李湉湉. 2015. 环境健康风险评估方法 第三讲 剂量–反应评估（续二）. 环境与健康杂志，32（5）：450-453.

张智胜，陶俊，谢绍东，等. 2013. 成都城区 $PM_{2.5}$ 季节污染特征及来源解析. 环境科学学报，33（11）：2947-2952.

仲衍伟，赵增文，陈鸿汉. 2014. 济南大杨庄水源地水质健康风险评价. 中国人口资源与环境，24（S2）：295-297.

Alver A. 2019. Evaluation of conventional drinking water treatment plant efficiency according to water quality index and health risk assessment. Environmental Science and Pollution Research，26（26）：27225-27238.

Amarillo A C，Busso I T，Carreras H. 2014. Exposure to polycyclic aromatic hydrocarbons in urban environments：Health risk assessment by age groups. Environmental Pollution，195：157-162.

Amjad H，Hashmi I，Rehman M S U，et al. 2013. Cancer and non-cancer risk assessment of trihalomethanes in urban drinking water supplies of Pakistan. Ecotoxicology and Environmental Safety，91：25-31.

Andrea A B，Zheng Y N，Zhang X，et al. 2014. Air pollution exposure and lung function in highly exposed subjects in Beijing，China：A repeated-measure study. Particle and Fibre Toxicology，11（1）：51.

ATSDR. 2020. Minimal Risk Levels（MRLs）. https://www.atsdr.cdc.gov/mrls/[2020-9-17].

Awad J，Van Leeuwen J，Chow C W K，et al. 2017. Seasonal variation in the nature of DOM in a river and drinking water reservoir of a closed catchment. Environmental Pollution，220：788-796.

Babonneau F，Haurie A，Loulou R，et al. 2012. Combining stochastic optimization and Monte Carlo simulation to deal with uncertainties in climate policy assessment. Environmental Modeling & Assessment，17：51-76.

Berg M V，Bimbaum L S，Denison M，et al. 2006. The 2005 World Health Organization reevaluation of human and mammalian toxic factors for dioxins and dioxin-like compounds. Toxicological Sciences，93（2）：223-241.

Bi B，Liu X，Guo X，et al. 2018. Occurrence and risk assessment of heavy metals in water，sediment，and fish from Dongting Lake，China. Environmental Science and Pollution Research，25（34）：34076-34090.

Bortey-Sam N，Nakayama S M，Ikenaka Y，et al. 2015. Health risk assessment of heavy metals and metalloid in drinking water from communities near gold mines in Tarkwa，Ghana. Environmental Monitoring and Assessment，187（7）：397.

Bull R J，Kopfler F C. 1991. Health Effects of Disinfectant and Disinfection by-Products. Denver：American Water Works Association Research Foundation.

Bureau of the Census. 2020. Population Statistics. https://www.commerce.gov/data-and-reports/population-statistics [2021-10-11].

Cantor K P，Lynch C F，Hildesheim M E，et al. 1999. Drinking water source and chlorination by products in Iowa. III. Risk of brain cancer. American Journal of Epidemiology，150（6）：552-560.

Chen J，Qian H，Gao Y，et al. 2018. Human health risk assessment of contaminants in drinking water based on triangular fuzzy numbers approach in Yinchuan City，Northwest China. Exposure and Health，10：155-166.

Diana M，Felipe-Sotelo M，Bond T. 2019. Disinfection byproducts potentially responsible for the association between chlorinated drinking water and bladder cancer：A review. Water Research，162：492-504.

Du Y J，Li T T. 2016. Assessment of health-based economic cost due to fine particle（$PM_{2.5}$）pollution：A case study of haze during January 2013 in Beijing，China. Air Quality，Atmosphere and Health，9（4）：439-445.

Du Y J，Wang Q，Sun Q H，et al. 2019. Assessment of $PM_{2.5}$ monitoring using MicroPEM：A validation study in a city with elevated $PM_{2.5}$ levels. Ecotoxicology and Environmental Safety，171：518-522.

ECJRC. 2014. Exposure Factors Sourcebook for Europe. http://cem.jrc.it/.expofacts [2014-11-05].

EFSA. 2006. Cumulative Risk Assessment of Pesticides to Human Health：The Way Forward. http://www.efsa.europa.eu/en/events/event/colloque061128[2020-5-16].

EPA. 1986. Guidelines for the Health Risk Assessment of Chemical Mixtures. https://www.epa.gov/risk/guidelines-health-risk-assessment-chemical-mixtures[2020-5-19].

EPA. 1992. Guidelines for Exposure Assessment. https://www.epa.gov/risk/guidelines-exposure-assessment[2020-5-19].

EPA. 2000. Supplementary Guidance for Conducting Health Risk Assessment of Chemical Mixtures. https://nepis.epa.gov/Exe/ZyPURL.cgi?Dockey=30004TOO.txt[2020-5-19].

EPA. 2002. A Review of the Reference Dose and Reference Concentration Processes. https://www.epa.gov/osa/review-reference-dose-and-reference-concentration-processes[2020-5-19].

EPA. 2003. Framework for Cumulative Risk Assessment. https://www.epa.gov/risk/framework-cumulative-risk-assessment[2020-6-14].

EPA. 2005a. Guidelines for Carcinogen Risk Assessment. https://www.epa.gov/risk/guidelines-carcinogen-risk-assessment[2020-5-19].

EPA. 2005b. Supplemental Guidance for Assessing Susceptibility from Early-life Exposure to Carcinogens. https://www.epa.gov/risk/supplemental-guidance-assessing-susceptibility-early-life-exposure-carcinogens[2020-5-19].

EPA. 2007. User's Guide for the Integrated Exposure Uptake Biokinetic Model for Lead in Children（IEUBK）Windows. https://hero.epa.gov/hero/index.cfm/reference/details/reference_id/791523

[2020-7-20].

EPA. 2010. Recommended Toxicity Equivalence Factors (TEFs) for Human Health Risk Assessments of 2, 3, 7, 8-tetrachlorodibenzo-p-dioxin and Dioxin-like Compounds. https://hero.epa.gov/hero/index.cfm/reference/details/reference_id/785591[2020-11-29].

EPA. 2011. Exposure Factors Handbook：2011 Edition. https://nepis.epa.gov/Exe/ZyPURL.cgi?Dockey=P100F2OS.txt[2020-5-19].

EPA. 2019. Guidelines for Human Exposure Assessment. EPA/100/B-19/001 https://www.epa.gov/risk/guidelines-human-exposure-assessment[2020-5-19].

EPA. 2020. National Primary Drinking Water Regulations. http://bases.bireme.br/cgi-bin/wxislind.exe/iah/online/?IsisScript=iah/iah.xis&src=google&base=REPIDISCA&lang=p&nextAction=lnk&exprSearch=63919&indexSearch=ID[2020-5-19].

Fallahzadeh R A，Ghaneian M T，Miri M，et al. 2017. Spatial analysis and health risk assessment of heavy metals concentration in drinking water resources. Environmental Science and Pollution Research，24（32）：24790-24802.

Farkas A，Bogăktean M，Ciatarâş D，et al. 2011. The New Drinking Water Source of Cluj Brings Improvements in Raw Water Quality. Bucharest：Danube-Black Sea Regional Young Water Professionals Conference Proc.

Feron V J，Van Vliet P W，Notten W R F. 2004. Exposure to combinations of substances：A system for assessing health risks. Environmental Toxicology and Pharmacology，18：215-222.

Filipsson A F，Sand S，Nilsson J，et al. 2003. The benchmark dose method-review of available models，and recommendations for application in Health Risk Assessment. Critical Reviews in Toxicology，33：505-542.

Fu J，Lee W N，Coleman C，et al. 2017. Removal of disinfection by product（DBP）precursors in water by two-stage biofiltration treatment. Water Research，123：224-235.

Georgopoulos P G，Wang S W，Yang Y C. et al. 2008. Biologically based modeling of multimedia，multipathway，multiroute population exposures to arsenic. Journal of Exposure Science and Environmental Epidemiology，18（5）：462-476.

Hamidin N，Yu Q J，Connell D W. 2008. Human health risk assessment of chlorinated disinfection by-products in drinking water using a probabilistic approach. Water Research，42（13）：3263-3274.

Han J，Zhang X，Liu J，et al. 2017. Characterization of halogenated DBPs and identification of new DBPs trihalomethanols in chlorine dioxide treated drinking water with multiple extractions. Journal of Environmental Sciences，58：83-92.

Health Canada. 2020. The Guidelines for Canadian Drinking Water Quality-Summary Table. https://www.canada.ca/en/health-canada/services/environmental-workplace-health/reports-publications/water-quality/guidelines-canadian-drinking-water-quality-summary-table.html[2020-5-20].

Howd R A，Fan A M. 2008. Risk Assessment for Chemicals in Drinking Water. New Jersey：John Wiley & Sons，Inc.

Hrudey S E，Backer L C，Humpage A R，et al. 2015. Evaluating evidence for association of human bladder cancer with drinking-water chlorination disinfection by-products. Journal of Toxicology and Environmental Health，Part B，18（5）：213-214.

Hua X，Zhang Y，Ding Z，et al. 2012. Bioaccessibility and health risk of arsenic and heavy metals（Cd，Co，Cr，Cu，Ni，Pb，Zn and Mn）in TSP and $PM_{2.5}$ in Nanjing，China. Atmospheric Environment，57：146-152.

IARC. 2020. List of Classifications. https://monographs.iarc.who.int/list-of-classifications[2022-07-30].

IRIS. 2020. IRIS Assessments. https://iris.epa.gov/AtoZ/?list_type=alpha[2022-07-30].

Kan H D，Chen B H. 2004. Particulate air pollution in urban areas of Shanghai，China：Health-based economic assessment. Science of the Total Environment，322：71-79.

Karim Z，Qureshi B A，Ghouri I. 2013. Spatial analysis of human health risk associated with trihalomethanes in drinking water：A case study of Karachi，Pakistan. Journal of Chemistry，2013：1-7.

Kimura S Y，Cuthbertson A A，Byer J D，et al. 2019. The DBP exposome：Development of a new method to simultaneously quantify priority disinfection by-products and comprehensively identify unknowns. Water Research，148：324-333.

Kiryluk A. 2011. Concentrations of nitrates（V）in well waters in the rural areas of Podlasie Province and the assesment of inhabitants' health risk. Ecological Chemistry and Engineering，18（2）：207-218.

Krasner S W，Weinberg H，Richardson S D，et al. 2006. The occurrence of a new generation of disinfection by-products. Environmental Science & Technology，40：7175-7185.

Lee J S，Chon H T，Kim K W. 2005. Human risk assessment of As，Cd，Cu and Zn in the abandoned metal mine site. Environmental Geochemistry and Health，27（2）：185-191.

Lee S C，Guo H，Lam S M J，et al. 2004. Multipathway risk assessment on disinfection by-products of drinking water in Hong Kong. Environmental Research，94（1）：47-56.

Levin R. 2006. Adequacy conditions for reporting uncertainty in chemical risk assessments. Human and Ecological Risk Assessment，12（5）：834-855.

Lewandowski T A. 2009. Modeling chemical exposure in risk assessment. //Simeonov L I, Hassanien M A. Exposure and Risk Assessment of Chemical Pollution-Contemporary Methodology. New York：Springer：155-164.

Little J C. 1992. Applying the two-resistance theory to contaminant volatilization in showers. Environmental Science & Technology，26（7）：1341-1349.

Liu X，Chen L，Yang M，et al. 2020. The occurrence，characteristics transformation and control of aromatic disinfection by-product：A review. Water Research，184：116076.

Mahfooz Y，Yasar A，Sohail M T，et al. 2019. Investigating the drinking and surface water quality and associated health risks in a semi-arid multi-industrial metropolis（Faisalabad），Pakistan. Environmental Science and Pollution Research，26（20）：20853-20865.

Mandal B K，Suzuki K T. 2002. Arsenic round the world：A review. Talanta，58（1）：201-235.

Ministry of Environment of Korean. 2007a. Development and Application of Korean Exposure Factors. Seoul：Ministry of Environment.

Ministry of Environment of Korean. 2007b. Korean Exposure Factors Handbook. Seoul：Ministry of Environment.

Mishra B K，Gupta S K，Sinha A. 2014. Human health risk analysis from disinfection by-products（DBPs）in drinking and bathing water for some Indian cities. Journal of Environmental Health

Science and Engineering，12：73.

Moser V C，Phillips P M，McDaniel K L，et al. 2007. Neurotoxicological evaluation of two disinfection by-products, bromodichloromethane and dibromoacetonitrile, in rats. Toxicology，230（2-3）：137-144.

Nieuwenhuijsen M J，Toledano M B，Eaton N E，et al. 2000. Chlorination disinfection byproducts in water and their association with adverse reproductive outcomes：A review. Occupational and Environmental Medicine，57（2）：73-85.

Pan S，An W，Li H，et al. 2014. Cancer risk assessment on trihalomethanes and haloacetic acids in drinking water of China using disability-adjusted life years. Journal of Hazardous Materials，280：288-294.

Pardakhti A R，Bidhendi G R N，Torabian A，et al. 2011. Comparative cancer risk assessment of THMs in drinking water from well water sources and surface water sources. Environmental Monitoring and Assessment，179：499-507.

Rahman M B，Cowie C，Driscoll T，et al. 2014. Colon and rectal cancer incidence and water trihalomethane concentrations in New South Wales，Australia. BMC Cancer，14：445.

RAIS. 2019. RAIS Toxicity Values and Physical Parameters Search. https://rais.ornl.gov/cgi-bin/tools/TOX_search?select=chemspef[2022-07-30].

Ramsey M H. 2009. Uncertainty in the assessment of hazard，exposure and risk. Environmental Geochemistry and Health，31：205-217.

Richardson S D，Plewa M J，Wagner E D, et al. 2007. Occurrence，genotoxicity，and carcinogenicity of regulated and emerging disinfection by-products in drinking water：A review and roadmap for research. Mutation Research，636（1-3）：178-242.

Richardson S D，Thruston Jr A D，Caughran T V，et al. 2000. Identification of new drinking water disinfection by-products from Ozone，Chlorine Dioxide，Chloramine，and Chlorine. Water，Air，and Soil Pollution，123：95-102.

Rider C V，Simmons J E. 2015. Risk assessment strategies and techniques for combined exposures// Torres JA，Bobst S. Toxicological Risk Assessment for Beginners. New York：Springer：111-134.

Siddique A，Saied S，Mumtaz M，et al. 2015. Multipathways human health risk assessment of trihalomethane exposure through drinking water. Ecotoxicology and Environmental Safety，116：129-136.

Staudinger J，Roberts P V，2001. A critical compilation of Henry's law constant temperature dependence relations for organic compounds in dilute aqueous solutions. Chemosphere，44：561-576.

Tchounwou P B，Centeno J A，Patlolla A K. 2008. Arsenic toxicity，mutagenesis，and carcinogenesis：A health risk assessment and management approach. Molecular and Cellular Biochemistry，255：47-55.

Teuschler L K，Hertzberg R C，Lipscomb J C. 2000. Research Report on The Risk Assessment of Mixtures of Disinfection By-products（DBPs）in Drinking Water. https://cfpub.epa.gov/ncea/risk/recordisplay.cfm?deid=56909[2021-5-15].

Teuschler L K，Rice G E，Wilkes C R，et al. 2004. A feasibility study of cumulative risk assessment methods for drinking water disinfection by-product mixtures. Journal of Toxicology and Environment Health（Part A），67（8-10）：755-777.

The Royal Society. 1992. Risk Analysis，Perception and Management. London：The Royal Society.

Tong S，Von Schirnding Y E，Prapamontol T. 2000. Environmental lead exposure：A public health problem with global dimensions. Servir，49（1）：35-43.

Viana R B，Cavalcante R M，Braga F M G，et al. 2009. Risk assessment of trihalomethanes from tap water in Fortaleza，Brazil.Environmental Monitoring and Assessment，151：317-325.

Wang G S，Deng Y C，Lin T F. 2007. Cancer risk assessment from trihalomethanes in drinking water. Science of The Total Environment，387：86-95.

WHO. 2006. Preventing Disease Through Healthy Environments：Towards An Estimate of the Environmental Burden of Disease. https://www.who.int/publications/i/item/9241593822[2022-7-27].

WHO. 2011. Guidelines for Drinking-Water Quality. 4th ed. https://www.who.int/publications/i/item/9789241549950[2022-07-30].

Wongsasuluk P，Chotpantarat S，Siriwong W，et al. 2014. Heavy metal contamination and human health risk assessment in drinking water from shallow groundwater wells in an agricultural area in Ubon Ratchathani province，Thailand. Environmental Geochemistry and Health，36(1)：169-182.

Zartarian V G，Xue J，Glen G，et al. 2012. Quantifying children's aggregate（Dietary and Residential）exposure and dose to permethrin：Application and evaluation of EPA's probabilistic SHED-multimedia model. Journal of Exposure Science and Environmental Epidemiology，22（3）：267-273.

第4章 环境因素归因疾病负担评估

4.1 环境因素归因疾病负担研究进展

4.1.1 环境因素归因疾病负担研究的重要性

伴随着工业化的飞速发展，人类生存环境遭到破坏，环境污染问题日益突出，对人类健康造成了严重威胁，导致发生疾病和伤残，甚至死亡，造成人类健康寿命的损失，环境的健康危害性已经成为世界各国重点关注的问题。面对复杂的环境污染形势，定量评估环境危害因素的归因疾病负担，可为环境污染治理和公众健康防护提供宏观决策依据，对于制定科学的环境健康政策标准、实施有针对性的干预措施和保护人群健康非常必要。

不同环境危险因素对于人类健康影响类型和程度不一样，如空气污染对心脑血管系统疾病、呼吸系统疾病发病和死亡有一定的影响，水体、土壤重金属污染可能存在致癌风险，高温热浪对心脑血管系统疾病、代谢紊乱等有影响，这些影响的程度和类型随着环境因子类型、暴露水平、暴露人群、健康结局等的不同而不同。因此，定量评估各类环境因素所致的疾病负担，探明这些环境因素归因疾病负担的特征、空间格局和变化趋势，可以为国家和地方各级宏观政策制定提供科学依据，为环境保护和健康防护政策、规划、医疗卫生资源的空间布局等提供关键科学信息。

4.1.2 环境因素归因疾病负担主要研究进展

环境因素归因疾病负担是指可归因于某类环境因素的人群患病或死亡等的健康损失及其对整个社会造成的负担。环境因素归因疾病负担研究是基于环境危害因素的暴露评估和流行病学的暴露–反应关系，对空气污染、水污染、土壤污染、极端天气等环境危害因素导致的疾病负担进行定量评估。环境因素的疾病负担评估已成为环境流行病学的重要关注点。目前全球研究大多以 WHO 的环境因素疾病负担评估体系作为基本方法，主要考虑不同的健康效应终点，以超额死亡、超额患病、期望寿命损失等来表征疾病负担。

1. WHO 环境因素疾病负担评估体系

WHO 环境因素疾病负担评估体系起源于 20 世纪 50 年代，为能更科学地制定公共卫生战略规划和采取最优措施，1990 年 WHO 首次在全球范围内开展了区域性死亡率和伤残调整寿命年的对比评估，随后发展了一套全球疾病负担（global burden of disease，GBD）评估体系定量评估人群的健康状况（Lim et al.，2012）。该体系综合暴露和暴露-反应关系定量评估健康影响和疾病负担（图 4-1）。WHO 环境因素疾病负担评估体系以评估和控制可能影响健康的环境因素为任务，以预防疾病和创造有益健康的环境为目标，对超额死亡/患病、期望寿命损失、健康经济损失等健康相关的风险进行评估。WHO 环境因素疾病负担评估体系中的环境因素涉及个人以外的所有物理、化学和生物因素，以及影响行为的一切相关因素，其适用的环境因素范围较 EPA 更为广泛。

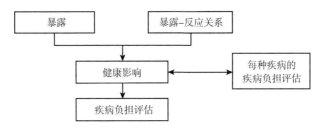

图 4-1 WHO 环境因素疾病负担评估体系

1）超额死亡/患病评估

超额死亡/患病例数或超额死亡率/患病率是基于暴露、暴露-反应关系、相对风险（relative risk，RR）及其他人口统计信息，定量化计算疾病负担，是 WHO 环境因素疾病负担评估体系最主要的评估指标。

基于 WHO 环境因素疾病负担评估体系，全球疾病负担（global burden of disease，GBD）评估研究由 WHO、美国哈佛大学公共卫生学院、美国卫生指标和评估研究所、世界银行等来自世界各地多个组织和全球数十个国家的研究者合作开展，从 1990 年开始，每 10 年做一次，从 2010 年开始每年（或每 2 年）都有优化和更新的评估，对全球及各个国家和地区的多种危险因素（危险因素种类逐年增加，GBD 2010 评估了 67 种，GBD 2019 评估了 87 种）进行相对风险的评估，评估各种风险因子所致超额死亡/患病情况，给出各种风险因子的相对疾病负担，其中包括环境因子，如空气污染（室内、室外颗粒物和臭氧等）、饮用水污染等，GBD 2019 的评估最新加入了温度的疾病负担评估，评估的风险因子日益丰富和完善（GBD 2019 Risk Factors Collaborators，2020）。GBD 历年的评估结果大多发表于国际著名杂志 *The Lancet*。GBD 的评估结果显示我国的环境污染和气候变化的疾病负担不可忽视，其中室外空气污染在疾病负担的风险因子中排名第四位，燃烧固体燃料造成的室内空气污染排名第五位，空气污染已经成为影响我国居民健康的主要环境因素之一。美国健康效应研究所（Health Effects Institute，HEI）资助的著名队列 NMMAPS（national morbidity，mortality，and air pollution study）（Samet et al.，2000；Bell et al.，2005；Dominici et al.，2006）、美国著名自建队列哈佛六城市研究（six cities study，SCS）（Villeneuve，2002）、欧洲著名的空气污染效应队列（European study of cohorts for air pollution effects，ESCAPE）（MacIntyre et al.，2014）等多个著名研究均发表了基于 WHO 环境因素疾病负担评估体系超额死亡率/患病率评估的研究结果；此外关于超额死亡/患病评估的研究还有 Miller 等（2007）关于空气污染长期暴露与心脑血管系统疾病发生率关系的研究，Middleton 等（2008）关于空气污染对总住院率和心脑血管系统疾病住院率影响的研究，Forastiere 等（2005）关于大气污染对冠心病院外死亡影响的研究，Peel 等（2005）关于 PM_{10}、O_3、NO_2、CO、SO_2 空气污染对呼吸系统疾病急诊就诊率影响的研究，Knowlton 等（2009）关于加利福尼亚 2006 年热浪对不同人群住院率和急诊就诊率影响的研究。上述研究结果还显示心脑血管系统疾病和呼吸系统疾病是空气污染的敏感性疾病，心脑血管系统疾病同时也是热浪的敏感性疾病，急性肾衰竭、糖尿病、肾炎等疾病也会受热浪的影响增加急诊就诊率；儿童和老年人是空气污染和热浪的脆弱人群。

我国也有一些研究者基于该评估体系进行了相关研究。李湉湉等（2013）对我国四城市 2013 年 1 月雾霾天气事件中 $PM_{2.5}$ 污染的人群疾病负担进行了评估，评估结果显示 2013 年 1 月雾霾天气事件过早死亡人数北京为 725 人、上海为 296 人、广州为 310 人、西安为 85 人。张衍燊等（2013）采用同样的方法推算了京津冀地区 2013 年 1 月灰霾事件期间因 $PM_{2.5}$ 污染导致的超额死亡人数为 2725 人，其中呼吸系统疾病超额死亡人数为 846 人、循环系统疾病超额死亡人数为 1878 人。李国星（2013）利用广义相加模型建立了细颗粒物与非意外死亡之间的暴露–反应关系模型，并据此评估了 2010 年北京、上海、广州、西安四城市 $PM_{2.5}$ 污染导致的超额死亡人数分别为 2349 人、2980 人、1715 人和 726 人。

2）期望寿命损失评估

期望寿命（life expectancy）又称 0 岁时的平均预期寿命，或预期寿命。环境健康期望寿命损失评估是环境危险因素对居民健康状况影响的综合评估，但是期望寿命只综合了有关死亡的信息，未包含疾病和伤残的情况，更未反映疾病伤残结果的严重性；WHO 采用伤残调整寿命年（disability adjusted life year，DALY）来作为指标评估疾病负担，DALY 是指从发病到死亡所损失的全部健康寿命年，包括因早死所致的寿命损失年（years of life lost，YLL）和疾病所致伤残引起的健康寿命损失年（years lived with disability，YLD）两部分，DALY 是更为全面的综合指标，因此不少研究对环境危害因素导致的伤残调整寿命年损失进行了评估。

2006 年 6 月 16 日，WHO（2006）发表的《以健康环境预防疾病》（*Preventing Disease Through Healthy Environments*）的报告中指出，多达 24% 的疾病是由可以避免的环境因素暴露造成的，预防与环境有关的疾病风险，每年可以挽救 400 万人的生命。2011 年 10 月 19 日，WHO（2015）在巴西里约热内卢市召开了为期三天的世界健康问题社会决定因素大会，会议报告指出，各国的预期寿命差距为 36 岁。WHO（2015）于 2013 年 3 月发布的《毛里塔尼亚的环境卫生挑战》（*Environmental Health Challenges in Mauritania*）报告指出，毛里塔尼亚的期望寿命不足 60 岁，远远低于世界平均水平，原因是该国家 90% 是沙漠，清洁用水和环境卫生资源稀缺，饮用水质量、环境卫生和个人卫生都比较差。目前，基于该评估结果，WHO 与毛里塔尼亚政府合作，正在开展为该国的最脆弱人群改善饮用水质量、环境卫生和个人卫生的相关工作。Coyle 等（2003）基于 WHO 环境因素疾病负担评估体系，评估了颗粒物污染导致调整期望寿命数的影响。Pope 等（2009）评估了美国空气细颗粒物污染的期望寿命损失，该研究匹配了美国 51 个城市 211 个区县，20 世纪 70 年代晚期、80 年代早期、90 年代晚期和 21 世纪早期的期望寿命数据、社会经济学地位、人口统计学特征数据，采用回归模型评估了空气污染改善与期望寿命的关系，对社会经济学和人口统计学变量的变化和吸烟流行的代表性指示物进行调整并重建模型用于对比。研究结果显示，$PM_{2.5}$ 浓度每降低 $10\mu g/m^3$，平均期望寿命增加 0.61 年，空气质量的改善对于全部期望寿命的增加贡献率为 15%。

Chen 等（2013）与国外学者的合作研究对我国淮河以北冬季取暖空气污染造成的期望寿命损失进行了评估，研究结果显示，冬季取暖会造成总悬浮颗粒物空气污染的增加，由此导致我国北方 5 亿居民每年会有 25 亿期望寿命年的损失。该研究基于居民与淮河的距离，采用回归非连续设计（regression discontinuity design）方法，评估了总悬浮颗粒物污染的南北差异，研究发现淮河以北地区由于心脑呼吸（cardiorespiratory）死亡率的增大，期望寿命较淮河以南低 5.5 岁，淮河以北地区居民的总悬浮颗粒物的长期暴露较淮河以南地区高 $100\mu g/m^3$，由此导致淮河以北地区居民出生期望寿命损失 3.0 岁。陈仁杰等（2010）应用 DALY 评价了我国城市大气颗粒物污染的人群健康效应，该研究以 2006 年我国 656 个城市的人口作为暴露人群，以 PM_{10} 年均浓度作为暴露水平，应用 DALY 进行健康效应评价。该研究综合可获得的剂量-反应关系、基线发生率及单位健康终点的 DALY，最终纳入非意外总死亡（排除了事故性死亡）、慢性支气管炎、内科门诊、心血管疾病住院和呼吸系统疾病住院 5 个健康效应终点，如果对于一个健康效应终点有多个研究结果，则进行 Meta 分析获得一个综合的结果，然后基于泊松回归的相对危险度模型评估了大气污染导致的人群健康效应。研究结果显示，2006 年大气颗粒物污染能引起我国城市居民（50.66±9.52）万例过早死亡，（15.66± 4.12）万例慢性支气管炎患者，（1264.05±522.97）万例内科门诊患者，（9.99±5.04）万例心血管疾病住院患者和（7.20±0.82）万例呼吸系统疾病住院患者，2006 年归因于城市大气颗粒物污染的 DALY 损失总计为（526.22±99.43）万人·年，其中由过早死亡引起的 DALY 损失占 96.26%（506.55/526.22）。

3）健康经济损失评估

健康经济损失评估是综合健康效应终点的单位经济价值以及健康效应终点的例数信息，获得环境健康相关的经济损失定量数据，健康经济损失是疾病负担评估结果的进一步评估，是决策者进行风险管理的重要参考数据。健康经济损失评估的关键在于单位经济价值的获取，目前主要的研究方法有支付意愿法（willing to pay，WTP）、调整人力资本法（adjusted human capital，AHC）以及疾病花费法（cost of ill，COI）。

a. 支付意愿法

支付意愿法即采用支付意愿调查获得关键参数——避免疾病负担愿意支付的经济价值，用于评价死亡价值时称为统计生命价值（values of a statistical life，VOSL），基于单位经济价值以及超额死亡/患病例数的估算来评估死亡风险价值，如通过 WTP 询问风险降低 1/10000 愿意支付的费用，然后将 10000 人的数据加和，即可得到避免疾病负担愿意支付的单位经济价值（World Bank，2007）。

Hammitt 和 Zhou（2006）采用支付意愿法评估了空气污染相关的感冒、慢性支气管炎以及死亡三种健康效应终点的经济损失，结果显示为避免感冒的单位经济价值为 3～6 美元，为避免慢性支气管炎的单位经济价值为 500～1000 美元，为避免死亡的单位经济价值为 4000～17000 美元。Quah 和 Boon（2003）采用该方法评估了新加坡颗粒物空气污染的健康经济损失。Krupnick 等（2006）基于上海和重庆的 WTP 数据进行了池分析，结果显示 VOSL 为 140 万元。

Wang 和 Mullahy（2006）于 1998 年在重庆进行了改善空气质量的支付意愿调查，调查结果显示 VOSL 为 34458 美元，当年平均年收入为 490 美元，边界效应为每增加 1 岁，VOSL 增加 240 美元，月收入每增加 100 美元，VOSL 增加 14434 美元。Zhang 等（2007）评估了 2000～2004 年北京市 PM_{10} 污染导致的健康经济损失，年均健康经济损失为 16.7 亿～36.55 亿美元，约占北京市年均 GDP 的 6.55%，当地排放造成的健康经济损失约占 GDP 的 3.60%。Zhang 等（2008）还评估了 2004 年我国 111 个城市 PM_{10} 污染导致的健康经济损失为 291.8 亿美元。Du 和 Li（2016）以 2013 年 1 月北京市重雾霾事件为例，基于条件价值法评估了北京市归因于 $PM_{2.5}$ 的健康经济损失为 1.8 亿美元，占 GDP 的 0.76%。

b. 调整人力资本法

调整人力资本法的关键参数——调整人力资本通过期望寿命、人均 GDP 年增长率等参数来估算，基于 HC_{mu} 以及超额死亡数的估算来评估死亡所致经济损失（World Bank，2007）。世界银行（World Bank，2007）基于我国 2013 年的相关基础参数，评估了北京、上海、天津、重庆 4 个直辖市以及 31 个省会城市的健康经济损失。

c. 疾病花费法

疾病花费法就是根据药费、看病时间花费、路程时间花费等估算疾病造成的经济损失（World Bank，2007）。Huang 等（2012）采用疾病花费法结合条件价值法评估了我国淮河流域 PM_{10} 污染导致的健康经济损失为 292.1 亿元，约占区域 GDP 的 1.35%；采用疾病花费法结合人力资本法评估的结果为 155.1 亿元，约占区域 GDP 的 0.72%。

目前我国基于 WHO 风险评估体系的疾病负担评估工作还刚刚起步，研究的健康效应终点还不够全面；在基础数据的收集方面还非常缺乏，尤其在跨学科大数据的整合方面有待进一步提高；在方法和模型的本地化方面虽然已经取得了一些进展，但在新方法、新模型的开发方面还非常欠缺；在评估结果的应用方面，也有待进一步完善。

2. $PM_{2.5}$ 归因疾病负担研究进展

大气污染是我国亟待解决的重大环境问题之一，其对公众健康的危害已成为国务院高度关注的重大问题，并引起社会的广泛关注。$PM_{2.5}$，又称细颗粒物，是指空气中空气动力学当量直径小于等于 2.5μm 的颗粒物，是大气污染物的主要成分之一，它易附着于重金属、病菌等有毒有害物质，可伴随呼吸进入人体，造成心血管系统、呼吸系统、肾脏等多方面的损伤（Wu et al.，2016；Lin et al.，2016；Liu et al.，2016）。GBD 研究显示，2017 年，所有死亡人数的 5.29% 可归因于环境颗粒物污染，全球归因于颗粒物污染的死亡人数已由 1990 年的 175 万人上升至 294 万人，颗粒物污染的死亡风险排名也由 1990 年的第 17 名上升至第 10 名（GBD 2017 Risk Factor Collaborators，2018）。在中国，空气污染已上升为我国第四大致死风险因素（Zhou et al.，2019）。本节以 $PM_{2.5}$ 为例，整理了目前国内外大气 $PM_{2.5}$ 污染疾病负担评估研究进展。

1）全球疾病负担评估

对于 $PM_{2.5}$ 疾病负担的研究，GBD 强化了 $PM_{2.5}$ 疾病负担的概念（Yang et al.，2013；曾强等，2015），在评估 $PM_{2.5}$ 疾病负担时，主要针对 $PM_{2.5}$ 的长期慢性暴露导致的死亡和疾病负担，因为长期以来的研究表明，颗粒物长期暴露对人群健康的危害远大于短期暴露对居民的影响（Pope et al., 2002；Dockery et al., 1993）。GBD 报告依托全球最大的集成数据库，基于国际上通用的疾病负担评估方法，采用科学合理的大尺度暴露评估模型和最新的综合暴露–反应关系曲线，评价了大气 $PM_{2.5}$ 污染的长期慢性死亡的疾病负担，评估方法和结果得到全球范围的公认，后续各年的 GBD 研究，搜集了全球队列研究数据，对暴露–反应关系模型进行了多次优化，使得评估结果更可靠。

然而，由于现有的 $PM_{2.5}$ 与慢性健康危害的流行病学证据多来源于 $PM_{2.5}$ 年平均浓度在 $5\sim30\mu g/m^3$ 的发达国家，而污染程度较高的发展中国家却缺乏相应的研究（陈仁杰和阚海东，2013）。针对这一问题，Burnett 等（2014）通过整合来自环境空气污染、二手烟草烟雾、家用固体烹饪燃料和主动吸烟等研究的现有相对危险度（relative risk，RR）信息，拟合综合暴露–反应关系（integrated exposure-response，IER）模型，建立了可用于全球暴露整个范围成人死因的 RR 函数，包括缺血性心脏病（ischemic heart disease，IHD）、慢性阻塞性肺疾病（chronic obstructive pulmonary disease，COPD）、肺癌和脑卒中，建立了急性下呼吸道感染（acute lower respiratory infect，ALRI）发病率的 RR 函数。基于该研究，Apte 等（2015）利用全球 $0.1°\times0.1°$ 网格的 2010 年 $PM_{2.5}$ 浓度数据，全球格网人口数据集、死亡率数据和人群年龄结构数据，WHO 10 个地区的 2030 年人口和死因别、年龄别死亡率数据等，采用 IERs 模型，评估了全球及部分地区 $PM_{2.5}$ 归因死亡率，计算了归因死亡人数降低某一百分比时 $PM_{2.5}$ 浓度需下降的数值；该研究也发现，归因死亡的分布不仅与地区 $PM_{2.5}$ 浓度变化有关，也与暴露人口数量和密度、基线疾病患病率、人群年龄结构有关。基于 GBD 及后续研究得到的 $PM_{2.5}$ 与死亡风险定量关系的成果和更精细化的暴露、人口数据等，开展了大量的对不同国家和地区的空气污染相关疾病负担的评估，尤其是针对污染较重的地区，如中国（Wang et al., 2018, 2019；Huang et al., 2018；Zhou et al., 2019）。

IERs 模型纳入了多种 $PM_{2.5}$ 暴露来源，包括室外污染及固体燃料、二手烟和主动吸烟等造成的室内污染，该模型的前提是假定非室外来源的 $PM_{2.5}$ 在单位剂量具有相同的毒性。为降低上述假设的争议性，Burnet 等（2018）基于卫星遥感信息、化学传输模型模拟和空间变化，在全球范围内模拟 2015 年 $0.1°\times0.1°$ 分辨率网格的 $PM_{2.5}$ 暴露浓度，利用来自全球 16 个国家的 41 个室外空气污染队列拟合全球暴露死亡模型（global exposure mortality model，GEMM），从而估计 $PM_{2.5}$ 与缺血性心脏病、脑卒中、慢性阻塞性肺疾病、肺癌和下呼吸道感染五种疾病的关联。该模型仅依赖室外空气污染队列研究结果，并不考虑主动吸烟、二手烟、家庭取暖和烹饪等信息；除了国外研究结果以外，该模型也被纳入了中国的队列研究，为 $PM_{2.5}$ 低浓度和高浓度地区的暴露–反应关系提供了直接证据。结果显示 GEMM 预测 2015 年归因于 $PM_{2.5}$ 暴露的死亡数约为 890 万（95%CI：$7.5\times10^6\sim$

10.3×10^6），该结果比 GBD 2010 中使用的综合风险函数所估计的结果大 120%（4.0，95%CI：$3.3 \times 10^6 \sim 4.8 \times 10^6$）。当 $PM_{2.5}$ 暴露浓度降低 20% 时，GEMM 和 GBD 综合风险函数之间的差异更大，前者预测超额死亡比后者增加 220%。综上，综合考虑室内 $PM_{2.5}$ 来源的污染信息会导致对死亡负担的低估，特别是在较高浓度下 GEMM 对 RR 值的估计结果更为稳定，该结论为 GEMM 的应用提供了合理性。

2）$PM_{2.5}$ 污染疾病负担研究——代表性队列研究

国际上具有代表性的研究还有"哈佛六城市研究（SCS）"（Dockery et al.，1993）和"美国癌症研究协会（ACS）研究"（Pope et al.，2002）等。SCS 在控制性别、年龄、吸烟等影响因素条件下研究空气污染对死亡率的影响。通过对 6 个城市的 8000 多名成人的健康状况、空气质量等开展 14～16 年的调查和观测研究，研究发现 $PM_{2.5}$ 浓度最高的城市死亡率约是浓度最低城市的 1.36 倍（95%CI：1.08，1.47）。ACS 在 1982～1989 年开展了癌症预防研究（CPS-II）计划的队列研究，通过收集参与者的身份、职业、个人习惯等方面的信息，使用室外 $PM_{2.5}$ 的年均浓度作为暴露水平，进行空气污染人群健康效应的评估，研究发现，$PM_{2.5}$ 的年均浓度每增加 $10\mu g/m^3$，全因死亡率、心血管病死亡率和肺癌死亡率分别上升 4%、6% 和 8%；这一结果被公认及广泛应用（Dockery et al.，1993）。后续的一些研究也证实大气污染不仅可直接导致人群死亡率升高，还与多种疾病如肺癌、心血管疾病和呼吸系统疾病的发病率升高有关。基于 ACS 的队列数据，Pope 等（1995）对美国 151 个城市进行了研究，评估了在不同污染水平下，死亡率和颗粒物污染的关系。结果显示，与最清洁地区相比，$PM_{2.5}$ 重污染地区总死亡的相对危险度约为 1.17（95%CI：1.09，1.26）。随后，Krewski 等（2009）和 Laden 等（2006）根据 SCS 和 ACS 研究中对个人暴露因素、生态因素等多方面存在的问题，进行了方法改进和再分析研究，为 $PM_{2.5}$ 疾病负担的科学评估奠定了较好的基础（Pope et al.，2009）。

近年来，国内学者基于多项队列研究探索了我国长期暴露于高浓度 $PM_{2.5}$ 与人群死亡率的关系，建立相对风险函数并评估暴露–反应关系模式。Yin 等（2017）在我国开展了第一项针对 $PM_{2.5}$ 长期暴露与人群死亡风险的多中心队列研究。该研究纳入了我国死因监测点位中的 45 个区县作为研究地区，共纳入 189793 名男性，通过卫星反演和化学传输模型模拟了研究地区 1990 年、1995 年、2000 年和 2005 年 $0.1° \times 0.1°$（赤道处约 $11km \times 11km$）分辨率的 $PM_{2.5}$ 浓度数据。在调整了个人危险因素（婚姻状况、教育程度）、被动吸烟、职业粉尘暴露（石棉粉尘、煤尘或石尘）、职业暴露于煤焦油或柴油发动机尾气、饮酒（经常饮酒、不经常饮酒、每周饮酒量）、体质指数、饮食（食用新鲜水果和蔬菜）、家用固体燃料的使用、高血压、城乡等的基础上，采用 Cox 比例风险模型评估长期暴露于 $PM_{2.5}$

对非意外总死亡风险和特定疾病别死亡风险的影响。结果显示，$PM_{2.5}$ 长期暴露将引起死亡风险的增加。$PM_{2.5}$ 年均暴露每增加 $10\mu g/m^3$，对应的非意外死亡风险的危险比（hazard ratio，HR）为 1.09（95% CI：1.08～1.09）、心血管疾病（cardiovascular disease，CVD）的 HR 为 1.09（95% CI：1.08～1.10）、缺血性心脏病（IHD）的 HR 为 1.09（95% CI：1.06～1.12）、中风的 HR 为 1.14；95% CI：1.13～1.16）、慢性阻塞性肺疾病（COPD）的 HR 为 1.12（95% CI：1.10～1.13）、肺癌的 HR 为 1.12（95% CI：1.07～1.14）。此外，为了比较不同模型结果的差异，该研究通过两种方式评估了 IHD、卒中、COPD 和肺癌的死亡风险：首先采用 Meta 分析评估室外 $PM_{2.5}$ 浓度和特定疾病别死亡风险之间的关联；其次采用 IER 模型计算了 60～64 岁老年人上述四种疾病归因于 $PM_{2.5}$ 的死亡风险。结果显示该队列分析结果与 IER 模型估算结果相比较高；该队列 COPD 和肺癌结果与 Meta 分析结果非常相似，但 IHD 的 HR 略低，脑卒中的 HR 略高。

Li 等（2018）基于中国老年健康影响因素跟踪调查（Chinese longitudinal healthy longevity survey，CLHLS）2008～2014 年数据开展研究，分析了 65 岁及以上老年人长期 $PM_{2.5}$ 暴露对死亡风险的影响。该研究利用卫星遥感数据估计了 1998～2014 年全国范围内 1km×1km 空间分辨率下的 $PM_{2.5}$ 浓度，并通过调查对象家庭居住地址经纬度与之相匹配。在控制了性别、吸烟状况、饮酒状况、身体活动、身体质量指数、家庭收入、婚姻状况地位和教育等因素的基础上，采用 Cox 比例风险模型评估长期暴露于 $PM_{2.5}$ 对全因死亡率的影响。在模型所获得死亡风险的基础上，采用 2010 年全球疾病负担研究方法进一步评估 2010 年我国区县尺度下 65 岁及以上人群与 $PM_{2.5}$ 相关的过早死亡人数。研究结果显示，$PM_{2.5}$ 累积暴露 3 年浓度每增加 $10\mu g/m^3$，65 岁及以上老年人全因死亡风险增加 8%（HR=1.08，95% CI：1.06～1.09）。2010 年我国 65 岁及以上人群与 $PM_{2.5}$ 暴露相关的全因死亡负担为 1765820 人，其中京津冀地区、华北平原地区、长江三角洲地区、武汉地区、长株潭地区和四川盆地死亡负担相对更为明显。

Yang 等（2020）基于中国动脉粥样硬化性心血管疾病风险预测研究（China-PAR）项目开展了 $PM_{2.5}$ 长期暴露与中国成年人死亡风险的关联研究。该研究将我国中部和东部共 15 个省份作为研究地区，共纳入 116821 名研究对象。通过机器学习估算了 2000～2015 年我国 1km×1km 空间分辨率的月均 $PM_{2.5}$ 浓度，并将调查对象居住地址的地区编码与之相匹配。基于此，该研究采用 Cox 比例风险模型评估长期暴露于 $PM_{2.5}$ 对非意外死亡风险和心脏代谢疾病死亡风险的影响，并考虑了亚组人群差异及地区差异。在控制年龄、性别、教育水平、城市化程度（城市/农村）、身体质量指数（body mass index，BMI）、总胆固醇、高血压、糖尿病、吸烟、饮酒和身体活动的基础上，$PM_{2.5}$ 浓度每增大 $10\mu g/m^3$，非意外死亡风险显著升高，HR=1.11（95% CI：1.08～1.14）；$PM_{2.5}$ 暴露与心脏代谢疾病死亡显著相关，HR=1.22（95% CI：1.16～1.27）。亚组分析显示高血压患者 $PM_{2.5}$ 暴露造成的非意外死亡风险明显增高。此外，$PM_{2.5}$ 每增大 $10\mu g/m^3$ 对非意外死亡风险的影响不受性别、年龄、吸烟状况和除高血压外的其他特征影响。

3）$PM_{2.5}$ 污染疾病负担研究

由于数据的可得性较好，研究的时效性强，因此目前大多数研究还是集中在 $PM_{2.5}$ 急性健康效应导致的疾病负担研究，这类研究广泛采用时间序列法，对人群健康数据与空气污染数据间进行统计分析和预测，从而揭示空气 $PM_{2.5}$ 污染与短期内总死亡、心血管和呼吸系统疾病死亡和发病的关系（Pope and Dockery，2006；Atkinson et al，2014）。著名的欧洲空气污染健康计划（APHEA），针对欧洲多个城市，利用历史数据定量估计空气污染造成的总死亡数和急诊住院数，构建了一套标准化的流行病学短期效应研究方法和对多种流行病学研究结果合并分析的方法（Meta 分析）（Katsouyanni et al.，1996）。HEI 也开展了 NMMAPS，利用 1987～1994 年全国 90 个城市的大气污染数据和卫生疾病数据等开展分析，发现 PM_{10} 日浓度每上升 $10\mu g/m^3$ 将会导致后一日总死亡率增加 0.5%（Samet et al.，2000）。Chen 等（2012）基于中国 16 个城市的数据，进行了 PM_{10} 与日死亡率的关系分析。潘小川等（2012）对北京、上海、广州、西安四城市 2010 年 $PM_{2.5}$ 短期健康影响进行了评估；Guo 等（2010）和李湉湉等（2013）基于我国北京、广州、上海等 7 城市的空气质量数据、气象监测数据和人群死因统计数据，从温度、颗粒物，以及二者的交互作用方面对死亡的短期影响进行了研究。

空气污染对人类健康的影响是一个长期累积的过程，WHO 的国际癌症研究机构曾指出，空气污染可增加人类癌症风险，致癌物在人体的潜伏期可达 7～8 年[①]，如果仅考虑短期急性效应，则有可能低估空气污染的健康影响。因此，空气污染慢性效应造成的疾病负担研究十分重要，因此，GBD 研究将 $PM_{2.5}$ 的长期慢性暴露作为评估 $PM_{2.5}$ 污染疾病负担的主要因子。上述 GBD 评估，美国 SCS、ACS 的队列研究和 NMMAPS 研究，欧洲的 APHEA 研究，以及后续的一系列相关研究，为中国区域 $PM_{2.5}$ 污染疾病负担时空格局及未来变化趋势的研究提供了重要参考和借鉴，国内也开展了一些针对 $PM_{2.5}$ 慢性效应疾病负担的研究，如阚海东等（2004）、潘小川等（2012）利用 Meta 分析，对国内外文献研究的结果进行综合分析，得到大气污染升高单位浓度（如 $10\mu g/m^3$），人群不良健康效应发生的相对危险度，并将分析结果应用于我国部分城市大气污染疾病负担的评价（方叠，2014；李小鹰，2015）。然而，由于国内外空气污染浓度和组分存在较大差异，国外人群暴露–反应关系不一定适用于我国的研究。因此，目前针对我国大气污染

---

① UN News. 2013. Outdoor air pollution a leading cause of cancer，say UN health experts.

的人群健康损失的评估，研究方法和评估结果不一致。例如，世界银行（World Bank，2007）估计我国 2003 年的 PM_{10} 污染可导致逾 40 万名居民死亡。Zhang 等（2008）的研究显示，我国 111 个城市 2004 年的 PM_{10} 污染可导致 28 万名城市居民超额死亡。陈仁杰等（2010）的研究显示，我国 2006 年 113 个城市的 PM_{10} 污染可导致 30 万名城市居民超额死亡。陈仁杰等（2014）收集了 2013 年我国 74 个重点城市 $PM_{2.5}$ 年平均浓度，运用 GBD 评估方法，考虑了各年龄层不同人口数和死亡率，通过构建简单寿命表和去死因寿命表，计算得到我国 74 个城市 2013 年 $PM_{2.5}$ 污染可导致城区居民期望寿命损失 1.48 岁。Chen 等（2013）估计中国每年因 $PM_{2.5}$ 污染导致的超额死亡人数在 35 万～50 万人，低于 GBD 2010 的研究结果，可能与研究对象、暴露水平与研究方法等不同有关；我国北方地区比南方地区 $PM_{2.5}$ 污染严重，导致北方人口人均期望寿命降低 5.5 年，全人群的期望寿命降低约 3.0 年（Chen et al.，2013；曾强等，2015）。李国星（2013）用广义相加模型进行分析，计算了 2004～2009 年北京、西安、广州、上海 4 个城市 $PM_{2.5}$ 对非意外死亡的 RR 和 2010 年这 4 个城市因 $PM_{2.5}$ 污染分别造成的早死人数。Guo 等（2013）研究发现 $PM_{2.5}$ 每增加 1 个四分位数间距，造成的 YLL 为 15.8。赵晋丰等（2016）采用 WHO 的综合疾病负担定量评估模型，基于 2005～2010 年北京市室外大气 PM_{10} 浓度数据、年总人群死亡数、肺癌死亡人数，计算了北京市室外空气长短期暴露的疾病负担。结果得出，北京市室外空气长短期暴露导致的全人群死亡每年约 6608 人；由室外空气长期暴露导致的肺癌死亡每年约 1951 人。

总的来说，虽然目前对于 $PM_{2.5}$ 的疾病负担研究已经取得了较大的进展，但对于我国而言，由于缺乏历史暴露数据和大规模的长期队列研究数据，目前我国的 $PM_{2.5}$ 疾病负担研究还未能真正与 WHO 的 GBD 评估研究接轨，现有 $PM_{2.5}$ 污染疾病负担研究主要集中在对短期急性影响的评估，对长期慢性效应的评估则相对滞后，对于 $PM_{2.5}$ 长期暴露的慢性效应暴露–反应关系研究主要还是基于欧美国家的研究成果。现阶段，基于我国人群队列数据获得的暴露–反应关系，开展 $PM_{2.5}$ 慢性疾病负担研究仍较为欠缺，而该类研究的开展在我国污染程度较重背景下具有重要意义。

4.2 环境因素归因疾病负担研究方法

本节以环境因素归因超额死亡为例，基于经典的 WHO 环境因素疾病负担评估体系，介绍环境因素疾病负担研究的一般方法流程。

1. 数据收集与预处理

环境因素归因超额死亡评估基于经典的 WHO 环境因素疾病负担评估体系，计算环境因子所致人群超额死亡风险。需要收集评估区域的人口数据（人口总数，不同年龄段、不同性别的人口数等）、环境因子暴露数据（如大气 $PM_{2.5}$ 浓度，某种污染物浓度）、基础死亡率（总死亡率、非意外总死亡率、不同疾病死亡率等）、不同暴露浓度对于不同疾病死亡的 RR 或暴露–反应关系。人口数据和基础死亡率数据一般来源于国家或地区的人口普查数据、当地人口与社会经济年鉴数据或卫生统计年鉴数据等，也可以来自死因监测数据的统计分析，环境因子暴露数据一般为空气质量/水质监测站点监测数据或模型模拟数据。

2. 评估模型：计算超额死亡的经典公式

基于已获得的暴露–反应关系系数、环境暴露浓度数据，同时结合人口数据和基线死亡率数据，估算环境污染因素所致疾病负担（此处疾病负担以超额死亡人数表达），基于经典的 WHO 环境因素疾病负担评估公式计算环境因子归因超额死亡。

$$\Delta cases = POP \times I_{ref} \times [\exp(\beta \times \Delta C) - 1] \tag{4-1}$$

式中，$\Delta cases$ 为评估区域在评估时期归因于所评估的环境污染因素的超额死亡人数，人；POP 为评估地区的人口总数，人；I_{ref} 为评估地区人口基线死亡率；β 为暴露–反应关系系数；ΔC 为评估地区污染物浓度值相较于参考浓度的变化。需要选择一个阈值浓度作为参考浓度，如逐日 $PM_{2.5}$ 暴露超额死亡的计算，可以选择 WHO 2005 年发布的空气质量基准中的 $PM_{2.5}$ 24h 浓度均值（$25\mu g/m^3$）作为参考浓度。

基于上述公式计算环境因素所致超额死亡人数，同时考虑到不同区域、不同时期的人口特征差异，为去除人口基数不同对超额死亡人数的影响，对超额死亡人数计算结果进行标准化，并统一为每 10 万人对应超额死亡人数，以方便进行不同尺度的比较分析。进而基于计算结果，进行不同维度的统计分析和时空分析，得出环境因素所致疾病负担的基本特征、空间分布和变化趋势等。

4.3　研　究　案　例

4.3.1　$PM_{2.5}$ 归因超额死亡风险评估

1. 案例背景

近些年我国频发的雾霾重污染天气严重影响了公众感受和居民生活，引起广泛关注。已有的研究结果表明，$PM_{2.5}$ 污染会直接影响人体的呼吸系统、心血管系统，与肺癌的发病率和死亡率密切相关。GBD 研究显示，2017 年所有死亡人数的 5.29%可归因于环境颗粒物污染，全球归因于颗粒物污染的死亡人数已由 1990

年的 175 万人上升至 294 万人，颗粒物污染的死亡风险排名也由 1990 年的第 17 名上升至第 10 名（GBD 2017 Risk Factor Collaborators，2018）。在中国，空气污染已上升为我国的第四大致死风险因素。目前我国污染防治相关政策的制定，缺乏环境污染对人群健康效应和疾病负担的定量评估作为重要科学依据，亟须开展全国层面各级时空尺度上的 PM$_{2.5}$ 的疾病负担研究，识别出 PM$_{2.5}$ 疾病负担较高的区域和相对较低的区域，从而针对性地制定环境和健康相关政策和规划。

本案例拟利用遥感反演的 PM$_{2.5}$ 浓度数据和人口数据、人群健康相关数据，利用 GBD 评估的综合暴露–反应关系（IERs）模型（Burnett et al.，2014）和空间分析方法，从全国层面上、不同时空尺度上对我国环境空气 PM$_{2.5}$ 的疾病负担开展定量评价研究，探索 PM$_{2.5}$ 污染引发的疾病负担[总死亡率和慢性阻塞性肺疾病（COPD）、肺癌（LNC）、急性下呼吸道感染（ALRI）、缺血性心脏病（IHD）、脑卒中五大类疾病死亡率]，评估我国 PM$_{2.5}$ 疾病负担的区域差异和时空变化趋势。本案例的研究为大气污染防治和环境健康相关政策的制定提供科学依据，对提升我国公众健康水平，促进经济社会发展和区域协调发展具有重要的现实意义。

2. 研究方法

环境因素归因疾病负担评估的关键要素包括 PM$_{2.5}$ 暴露情况、研究区域的人口特征、基线死亡率/发病率信息以及 PM$_{2.5}$ 与暴露–反应关系（C-R）或 RR。本项研究获取了四套来源于国际上不同研究小组的基于遥感卫星数据、地面观测数据、化学模式等模拟得到的 PM$_{2.5}$ 暴露浓度数据，将其按照全国 2800 多个区县的行政边界进行分区统计，计算每个区县的均值浓度，并将这些数据与人口数据、基础死亡率数据、RR 等数据进行匹配，进而基于 WHO 环境因素归因超额死亡评估方法，评估全国 2800 多个区县的 PM$_{2.5}$ 相关超额死亡人数。在某个 PM$_{2.5}$ 浓度，针对某种疾病类型和某年龄段，对应一个 RR 值，从而实现不同暴露和不同疾病、不同年龄段的分组评估。基于计算结果，分析 PM$_{2.5}$ 慢性效应疾病负担在我国的区域特征和差异，高污染和低污染地区 PM$_{2.5}$ 相关超额死亡风险。

1）案例数据及来源

（1）PM$_{2.5}$ 浓度数据。本节的 PM$_{2.5}$ 浓度数据来源于四个研究小组基于不同模型方法得到的四套 2010 年 PM$_{2.5}$ 年均浓度，分别来自美国埃默里（Emory）大学研究团队、加拿大达尔豪斯大学研究团队、NASA、GBD 2013 研究所用的 PM$_{2.5}$ 暴露数据，使用区域统计工具估算每个县的年平均 PM$_{2.5}$ 浓度。

（2）人口统计数据。人口统计数据基于 2010 年中国第六次人口普查的县级年龄别人口学数据，包括 5 年时间内 0～84 岁的各个年龄组的人口信息，以及 85 岁及以上年龄组的人口信息。2010 年中国约有 2860 个区县，但由于几个区县的人口统计数据缺失或无法与区县地图匹配,因此模型中包括 2826 个区县,总人口为 13.25 亿。

（3）基线死亡率数据。目前中国尚未有区县级基准死亡率数据,因此本节使用省级基础死亡率数据。每种疾病的年龄特异性死亡率根据 Zhou 等（2015）和 GBD 2013 的研究结果（Naghavi et al., 2015）得出。

2）暴露–反应关系（C-R）

暴露–反应关系描述了 $PM_{2.5}$ 长期暴露浓度与健康结局风险（每个终点的死亡率）之间的关系。RR 表示与 $PM_{2.5}$ 浓度的增量变化相关的相对死亡风险。在这项研究中,C-R 函数和相对风险基于 GBD 2010(Burnett et al.,2014)和 Apte 等(2015)的综合暴露–反应关系（IERs）模型,涵盖了整个 $PM_{2.5}$ 浓度范围。

$$RR_{IER}(z) = \begin{cases} 1, & z < z_{cf} \\ 1 + \alpha\{1 - \exp[-\lambda(z - z_{cf})^\delta]\}, & z \geq z_{cf} \end{cases} \tag{4-2}$$

式中, $RR_{IER}(z)$ 表示 z 的 $PM_{2.5}$ 暴露浓度（ $\mu g/m^3$ ）的相对风险; z_{cf} 是反事实的暴露浓度（ $2.4\mu g/m^3$ ）,在此暴露浓度下,假设没有健康风险。对于非常大的 z, RR_{IER} 近似为 $1+\alpha$ 。这里包括 $PM_{2.5}$ 的幂 δ ,以预测在很大浓度范围内的风险。

3）超额死亡评估模型

采用针对 GBD 2010 开发的计算方法来估算每个区县中与 $PM_{2.5}$ 相关的超额死亡,估算以下 5 个终点:25 岁以上成人的 IHD、COPD、LNC 和脑卒中,以及 5 岁以下儿童的 ALRI。对于 IHD 和脑卒中,不同年龄段的 RR 不同,对于 COPD 和 LNC,在相同暴露浓度下整个成年人群（25 岁及以上）的 RR 是相同的（Apte et al., 2015）。基于 WHO 环境因素超额死亡评估方法计算每个区县与 $PM_{2.5}$ 相关的超额死亡数 $M_{i,j}$ 。

$$M_{i,j} = P_i \times \hat{I}_{j,k} \times [RR_j(C_i) - 1] \text{ where} : \hat{I}_{j,k} = \frac{I_{j,k}}{\overline{RR}_{j,k}} \tag{4-3}$$

式中, $\hat{I}_{j,k}$ 为如果在整个区域内将 $PM_{2.5}$ 浓度降低到理论最低风险浓度,则对于区域 k、疾病终点 j 仍将存在的潜在死亡率; $I_{j,k}$ 为报告的区域 k 中疾病终点 j 的区域年平均疾病死亡率; P_i 为区县 i 的人口; C_i 为区县 i 的年平均 $PM_{2.5}$ 浓度; $RR_j(C_i)$ 为浓度为 C_i 时终点 j 的相对风险; $\overline{RR}_{j,k}$ （定义如下）为区域 k 内终点 j 的平均人口加权相对风险。

$$\overline{RR}_{j,k} = \frac{\sum_{i=1}^{N} P_i \times RR_j(C_i)}{\sum_{i=1}^{N} P_i} \tag{4-4}$$

为了消除不同区县人口密度不同的影响，除了与 $PM_{2.5}$ 相关的超额死亡总数外，本案例研究还计算了"每十万人的超额死亡数"和"每单位面积超额死亡数"指标，并绘制了空间地图，进行了 $PM_{2.5}$ 相关的超额死亡分省份排名。

3. 案例研究结果

本案例评估了全国区县尺度 $PM_{2.5}$ 疾病负担（以超额死亡人数为主要指标），并进行了空间分布特征分析；对不同疾病、不同年龄群组的疾病负担进行了评估和对比分析。按照四类 $PM_{2.5}$ 暴露情景和两类基础死亡率数据来源，得到了八组结果，2010 年中国归因于 $PM_{2.5}$ 的超额死亡[包括五大类结局：25 岁以上成人的脑卒中、COPD、LNC、IHD 超额死亡以及 5 岁以下儿童 ALRI 超额死亡]总人数为 118 万～138 万人，平均值为 127 万人（即 95.7 人/10 万人），结果接近全球疾病负担评估（GBD 2010）的 123 万人，以及与其他同类研究的结果较为一致（图 4-2）。

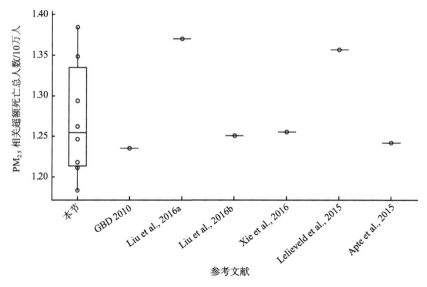

图 4-2　中国归因于 $PM_{2.5}$ 的超额死亡人数（本案例研究与其他研究对比）

从不同类疾病死亡的占比来看，脑卒中占最大比例（52.89%），其次是 IHD（30.77%），COPD 和肺癌分别占 9.40% 和 6.62%，5 岁以下儿童 ALRI 所占的比例最低（0.32%）（图 4-3）。心脑血管疾病（脑卒中和 IHD）占总超额死亡人数的 80% 以上，略高于 GBD 2010 的结果（72%）。

从 $PM_{2.5}$ 归因超额死亡的空间分布来看，$PM_{2.5}$ 归因超额死亡率较高的地区与人口密度较高和污染较为严重的地区分布一致。京津冀地区和华北平原地区是高超额死亡率的"核心区"；长三角、四川盆地、东北平原中部、武汉城市圈以及长株潭地区，是仅次于上述两区域的高值区域。而 $PM_{2.5}$ 浓度相对较低的西部地区、西北部地区还有华南地区，尤其是人口密度较小的地区，PM$_{2.5}$疾病负担则相对较低。这一空间分布也与以往的类似研究较为一致。从区县排名上看，也是人口密度大的重污染区县 PM$_{2.5}$超额死亡数最高（表 4-1）。就超额死亡率而言[图 4-4（c）]，华北平原地区，包括河南省、山东省和河北省南部，数值最高。超额死亡率前 20 的县（区、市）中，辽宁省有 7 个，河北省有 5 个，河南省有 5 个。在人口稠密的地区，如京津冀地区、珠江三角洲地区和长江三角洲地区，尽管 PM$_{2.5}$浓度高且归因死亡人数多，但人均死亡率相对较低。中国中部地区（如湖南、湖北和贵州）的人均死亡率也较高。"单位面积超额死亡数"的空间格局与总超额死亡数超额死亡率相似，但也存在一些差异。长江三角洲地区以及上海、北京和天津等大城市地区的区县由于污染水平高和人口密度高而具有较高的"单位面积死亡率"。PM$_{2.5}$浓度相对较低的珠江三角洲地区由于人口密度高，其"单位面积死亡率"较高。由此可以看出，人口密度较小的地区 PM$_{2.5}$疾病负担则相对较低，人口密度大的重污染区县 PM$_{2.5}$超额死亡负担最高，这与以往的研究较为一致。

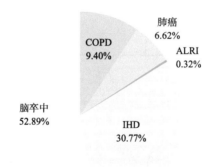

图 4-3　各类疾病超额死亡数占 PM$_{2.5}$归因总超额死亡人数的百分比

表 4-1　2010 年 PM$_{2.5}$归因超额死亡数全国前 20 名区县

序号	省（市）	市	县（区、市）	PM$_{2.5}$年均浓度/（μg/m³）	PM$_{2.5}$超额死亡人数/人
1	北京市	北京市	朝阳区	93.13	3241
2	上海市	上海市	浦东新区	58.34	3018
3	广东省	东莞市	东莞市	43.44	2903
4	北京市	北京市	海淀区	83.32	2697
5	河南省	洛阳市	洛阳市市辖区	91.87	2546
6	河南省	南阳市	南阳市市辖区	85.25	2182

续表

序号	省（市）	市	县（区、市）	PM$_{2.5}$年均浓度/（μg/m³）	PM$_{2.5}$超额死亡人数/人
7	山东省	枣庄市	滕州市	89.95	2005
8	北京市	北京市	丰台区	85.93	2003
9	安徽省	宿州市	埇桥区	80.52	1976
10	河南省	商丘市	商丘市市辖区	91.47	1938
11	山东省	青岛市	平度市	64.91	1906
12	河南省	漯河市	漯河市市辖区	86.38	1819
13	黑龙江省	哈尔滨市	南岗区	51.47	1809
14	河南省	商丘市	永城市	83.63	1808
15	四川省	眉山市	仁寿县	80.76	1805
16	安徽省	阜阳市	临泉县	82.47	1763
17	江苏省	南通市	如皋市	71.26	1735
18	重庆市	重庆市	合川区	74.11	1723
19	山东省	菏泽市	曹县	91.91	1713
20	辽宁省	沈阳市	铁西区	61.43	1710

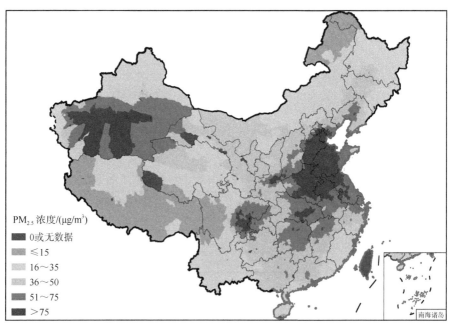

（a）

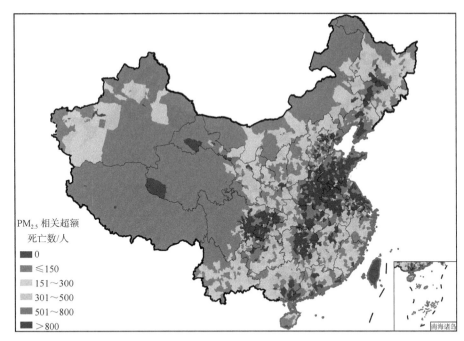

（b）

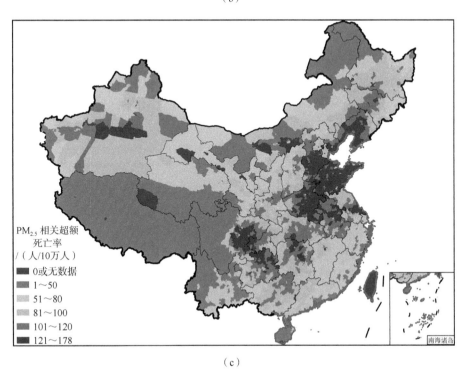

（c）

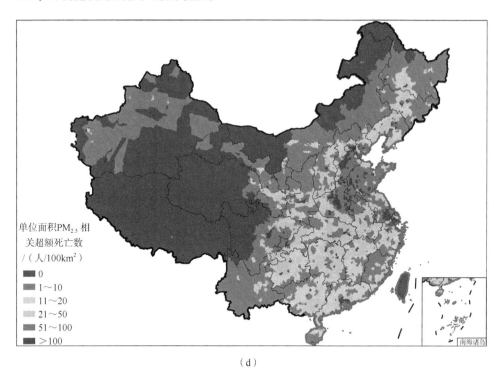

单位面积PM$_{2.5}$相关超额死亡数
/（人/100km²）

■ 0
■ 1～10
▨ 11～20
■ 21～50
■ 51～100
■ ＞100

（d）

图4-4　PM$_{2.5}$浓度（四模型平均）及其归因超额死亡空间分布示意图

不同类疾病的超额死亡有类似的空间分布（图4-5），高值区均集中在重污染和人口密度大的地区，如京津冀地区、华北平原、四川盆地等，但不同类疾病之间稍有差异。例如，归因于 PM$_{2.5}$ 的 COPD 超额死亡高值区的分布相对靠南，东北地区、京津冀地区则不如南部地区高；而对于 IHD、脑卒中和肺癌三类疾病的超额死亡，东北地区和京津冀地区则有明显的高值聚集区。

在全部 127 万人超额死亡中，50%的超额死亡来自 PM$_{2.5}$ 污染浓度高于或低于 63.6μg/m³ 的区县；大约有 45 万人的超额死亡（总数的 35.51%）来自 PM$_{2.5}$ 污染浓度高于 75.0μg/m³ 的区县；在空气质量较好的区县（PM$_{2.5}$ 污染浓度达到国家标准，低于 35.0μg/m³），仍有 14 万人的超额死亡（占总数的 10.95%）。这表明，即使全国所有区域 PM$_{2.5}$ 浓度控制到国家标准 35.0μg/m³ 以后，我国归因于 PM$_{2.5}$ 的疾病负担将仍然有相当数量的存在，而且伴随着我国人口增长和老龄化发展，归因于空气污染的疾病负担将长期存在，因此，未来根据区域差异、人口和经济社会发展状况以及各地空气质量改善情况，重新制定新时期的空气质量改善目标，对于持续降低空气污染的疾病负担、改善居民环境健康状况是十分必要的。

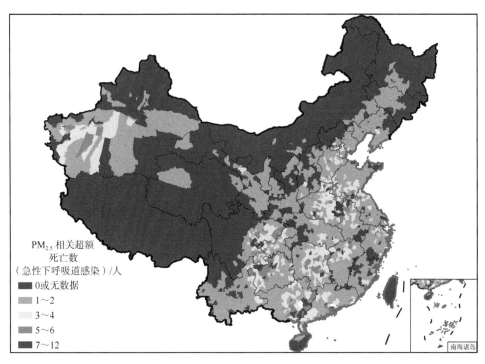

PM$_{2.5}$ 相关超额
死亡数
（急性下呼吸道感染）/人

■ 0或无数据
▨ 1～2
▨ 3～4
▨ 5～6
■ 7～12

（a）

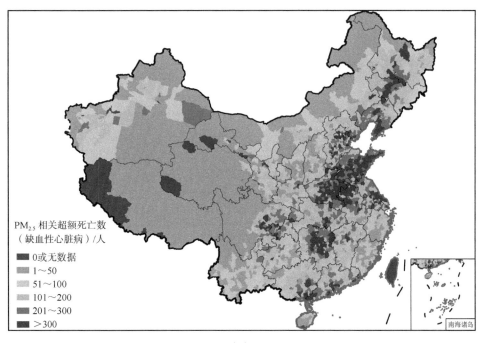

PM$_{2.5}$ 相关超额死亡数
（缺血性心脏病）/人

■ 0或无数据
▨ 1～50
▨ 51～100
▨ 101～200
▨ 201～300
■ ＞300

（b）

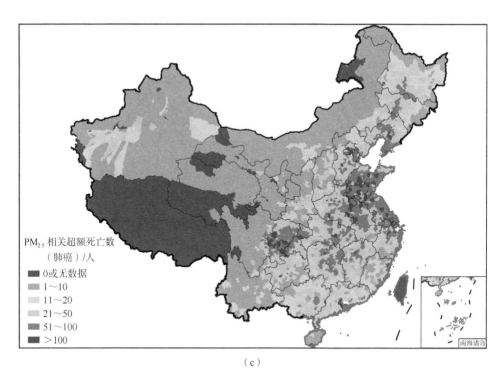

（c）

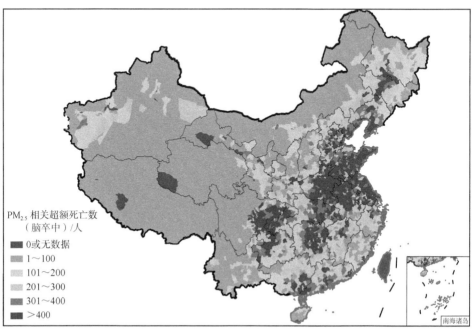

（d）

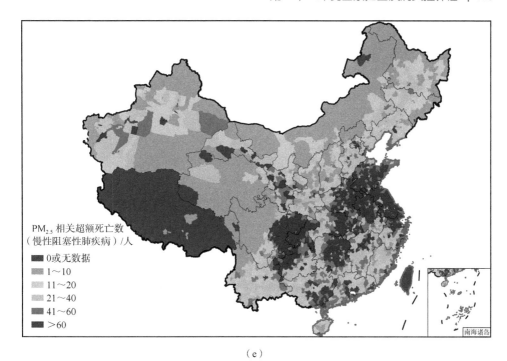

（e）

图 4-5　不同疾病的 $PM_{2.5}$ 归因超额死亡数–空间分布示意图

目前我国 28.16% 的居民（3.73 亿）生活在污染较重的地区（年均 $PM_{2.5}$ 浓度高于 $75.0\mu g/m^3$）；仅有 17.17% 的居民（2.28 亿）生活在空气质量达到国家标准（年均 $PM_{2.5}$ 浓度低于 $35.0\mu g/m^3$）的地区（图 4-6）。这一结果表明，我国居民的 $PM_{2.5}$ 污染暴露浓度水平很高，污染浓度高的地区其人口密度往往也较高，因此，我国控制空气污染、降低其对公众健康危害的任务依然十分艰巨。

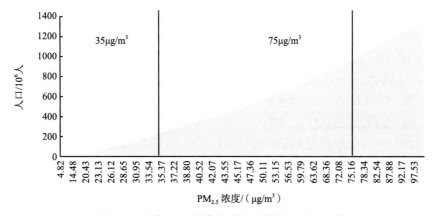

图 4-6　不同 $PM_{2.5}$ 污染浓度地区累积生活人口数

我国最清洁地区（年均 PM$_{2.5}$ 浓度低于 35.0μg/m^3）PM$_{2.5}$ 归因超额死亡率为 61.0 人/10 万人，污染最重的地区（年均 PM$_{2.5}$ 浓度高于 75.0μg/m^3）PM$_{2.5}$ 归因超额死亡率为 120.7 人/10 万人。

从省级尺度来看，PM$_{2.5}$ 归因超额死亡人数最多的前四位为山东、河南、河北和四川，都是人口大省，也是重污染地区。北方地区如辽宁、河北、山东和河南四个省超额死亡率（每 10 万人的超额死亡人数）最高，这几个省都是重污染地区；西藏、云南、海南等空气质量较好的地区，超额死亡率最低。上海、北京、天津、山东四个省（直辖市），由于其高污染和高人口密度，单位面积的超额死亡数最高；西藏、新疆、青海、内蒙古四个省（自治区），地广人稀且污染较轻，因此单位面积的超额死亡人数最低。

4. 案例小结

本案例研究利用来自卫星遥感反演获得的四个来源的 PM$_{2.5}$ 浓度数据、中国 2010 年区县级年龄人口数据、GBD 的 IERs 模型得到的相对风险等数据，基于 WHO 的超额死亡评估方法估算了中国每个区县的 PM$_{2.5}$ 相关超额死亡负担。本案例研究得出，我国 2010 年归因于 PM$_{2.5}$ 的超额死亡约为 127 万人（95.7 人/10 万人），五类疾病的 PM$_{2.5}$ 相关超额死亡中，心脑血管系统疾病占绝大部分（80%以上），表明心脑血管疾病的脆弱人群需加强应对 PM$_{2.5}$ 健康危害的防护。超额死亡数较大的区域与污染重、人口密度高的区域分布一致，表明未来更应重视高污染、高人口密度地区的空气污染防治和健康防护。本项工作结果为环境与健康决策者在全国空气污染防治及其健康效应防治方面提供了重要的启示。

4.3.2 北京市 PM$_{2.5}$ 归因超额死亡风险及其健康经济损失评估

1. 案例背景

细颗粒物（空气动力学直径≤2.5μm，PM$_{2.5}$）（Woodruff et al.，2006）是重要的空气污染物之一，尤其是雾霾重污染天气的首要污染物。PM$_{2.5}$ 暴露会对心脑血管系统、呼吸系统、眼及附器等产生危害（Dominici et al.，2006；Dockery and Stone，2007；Polichetti et al.，2009；Gehring et al.，2013；李湉湉等，2013；Foraster et al.，2014），大量流行病学研究证据已经证实 PM$_{2.5}$ 暴露与死亡率或发病率增加有关（Dominici et al.，2006；Zanobetti et al.，2008；Chen et al.，2010；Ma et al.，2011；Shang et al.，2013；李湉湉等，2013；Zhang et al.，2014）。2013 年 10 月，国际癌症研究机构将来自室外空气污染的 PM$_{2.5}$ 分级为一类人类致癌物质（Loomis et al.，2013）。PM$_{2.5}$ 暴露导致的健康影响将会直接导致一部分人群因病致残甚至死亡，由此产生的医疗花费及劳动力损失给社会带来了较大的经济负担，评估归

因于 $PM_{2.5}$ 暴露的疾病负担及其健康经济损失对于了解空气污染对社会和经济的影响至关重要，可为科学制定政策减少空气污染的疾病负担提供重要依据，是保持社会及经济可持续发展的重要保障。

一些研究在特定的城市或区域开展了空气污染颗粒物相关的健康经济成本评估（Kan and Chen，2004；Zhang et al.，2008；Liu et al.，2010；殷永文等，2011；Huang et al.，2012；潘小川等，2012）。Kan 和 Chen（2004）估计与 PM 污染相关的健康经济损失约为 6.254 亿美元，相当于上海市 2001 年地区 GDP 的 1.03%。Zhang 等（2008）估算 2004 年我国 111 个城市的 PM_{10} 污染的健康经济损失约为 291.8 亿美元。Huang 等（2012）利用条件价值法估计珠江三角洲地区 PM_{10} 污染导致的健康经济成本高达 29.21 亿元（CNY），占该地区 GDP 的 1.35%。根据调整人力资本和疾病成本的方法计算的健康经济损失总额为 15.51 亿元，占地区 GDP 的 0.72%。殷永文等（2011）评估了某典型城市 $PM_{2.5}$ 的健康经济损失为 2.46 亿元，占 2009 年该城市 GDP 的 0.17%。综上所述，在中国，颗粒物污染在一定程度上导致了健康经济负担，因此，需要进一步研究以定量评估与颗粒物污染相关的经济损失。然而，目前颗粒物污染的健康经济损失评估研究较少，尤其是关于粒径更细、危害更大的 $PM_{2.5}$ 的健康经济损失研究更是少见。已有的研究大多集中在对特定城市或特定区域的健康经济损失评估，而对健康经济损失的地区差异及其可能的潜在影响因素研究较少。

北京是中国的首都，也是世界上典型的大城市之一，是世界政治、文化交流中心。进入 21 世纪 10 年代以来，北京雾霾多发，尤其是 2013 年 1 月北京持续雾霾天气引起了国内外的广泛关注。本研究对 2013 年 1 月北京市持续雾霾期间首要污染物 $PM_{2.5}$ 暴露导致的疾病负担进行评估，并基于条件价值法对其导致的健康经济损失进行定量估算，同时还对北京市不同地区之间的 $PM_{2.5}$ 污染导致健康经济损失的特点及影响因素进行了研究，该研究结果对于了解大城市的极端空气污染事件的健康经济损失、制定相关政策和采取应对措施以降低空气污染的健康经济损失具有重要参考意义。

2. 研究方法

1）研究时间与区域

北京是中国的首都，具有 2069 万人口，位于中国北方（39°56'N 和 116°20'E），辖区总面积为 16410.54km^2，为典型的北温带半湿润大陆性季风气候，夏天炎热潮湿，冬天寒冷干燥（北京市统计局和国家统计局北京调查总队，2014）。北京市由 16 个区组成：东城区（DC）、西城区（XC）、朝阳区（CY）、海淀区（HD）、昌平区（CP）、顺义区（SY）、丰台区（FT）、石景山区（SJS）、通州区（TZ）、门头沟区（MTG）、房山区（FS）、大兴区（DX）、延庆区（YQ）、怀柔区（HR）、密云区（MY）和平谷区（PG）。2005 年北京市政府提议根据各区县之间不同的自然条件、发展环境、资源禀赋、人口及经济发展基础等优势和承担的不同功能，将这 16 个行政区县划分为四个功能区域：首都功能核心区、城市功能拓展区、城市发展新区和生态涵养发展区。首都功能核心区包括东城区和西城区，体现北京作为我国政治、文化中心和国际交往中心功能的区域；城市功能拓展区包括朝阳区、海淀区、丰台区、石景山区，在该功能区要拓展首都城市功能，特别是面向全国和世界的外向型经济服务功能，是推进生产者创新的重要基地；城市发展新区包括房山区、通州区、大兴区、顺义区和昌平区，该区域是北京发展制造业和都市型现代农业的主要载体，要增强生产制造、物流配送和人口承载；生态涵养发展区包括门头沟、平谷、怀柔、密云、延庆 5 个远郊区，该区域是北京的生态屏障和水源保护地，要加强生态环境的保护与建设，16 个区和四类功能区的示意图如图 4-7 所示。本节选择 2013 年 1 月代表极端雾霾的情况，估算此次 PM$_{2.5}$污染事件可导致的健康影响，并量化其相关事件经济成本。

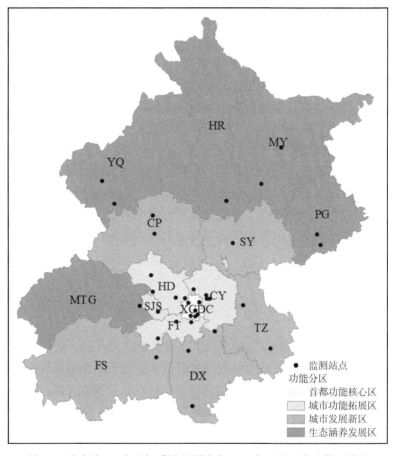

图 4-7　北京市 35 个空气质量监测站点、16 个区和四类功能区分布

2）数据及来源

（1）空气污染数据。本节使用的 $PM_{2.5}$ 浓度数据来源于北京市环境保护局监测中心（2013），包含 16 个区的 35 个监测站点。这些监测点的布控充分考虑了人口密度，对于人口密度大的地区，如东城区、西城区、海淀区等，监测站点较为密集；在西部和北部人口稀少的山区，如房山区、延庆区、怀柔区等，监测站点较为稀疏，因此监测数据能够较好地反映人口的分布，符合健康风险评估的监测布点要求，可用于评估 $PM_{2.5}$ 暴露导致的人群疾病负担及其相关经济损失以及探讨健康经济损失的影响因素。收集的 $PM_{2.5}$ 数据为小时平均浓度，本节基于这些小时平均浓度数据计算 $PM_{2.5}$ 每日平均浓度，用于疾病负担的评估。

（2）人口统计数据。人口数据和全死因死亡率的基线率来源于《2013 北京统计年鉴》，北京市 2013 年的常住人口约为 2069 万，全死因基线死亡率为 4.31%。此外，16 个区的详细常住人口数据来源于《2013 北京统计年鉴》。暴露–反应关系来源于文献（谢鹏等，2009），具体为 $PM_{2.5}$ 浓度每增加 $10\mu g/m^3$，全死因死亡率增加 0.40%（95% CI：0.19%～0.62%）。选择 WHO《空气质量指南》（AQG）（2005 年版）的 24h 平均浓度 $25\mu g/m^3$ 作为 $PM_{2.5}$ 浓度阈值（C_0）。

（3）经济数据。北京市居民的年收入来自《2013 北京统计年鉴》，2012 年为 5340 美元。2012 年北京市及其 16 个区的 GDP 来源于《2013 北京统计年鉴》。2012 年人民币兑美元的汇率来源于外汇交易系统（北京市统计局和国家统计局北京调查总队，2014），为 6.3125。VOSL 代表 WTP，即个体愿意为减少风险而支付的金额，WTP 的研究结果基于 Wang 和 Mullahy（2006）在重庆市进行的相关研究；2012 年重庆市居民的 VOSL 为 34458 美元，人均年收入 490 美元，年收入每增加 144.58 美元，VOSL 的边际增长 14434 美元。重庆市居民收入来源于《2013 重庆统计年鉴》，2012 年重庆市居民的人均年收入为 2576 美元。

3）计算方式

（1）健康效应终点。与 $PM_{2.5}$ 暴露相关的健康终点包括死亡和发病，在这项研究中，鉴于数据的可获得性，选择了急性死亡作为最终的健康效应终点，死亡也是用于建立健康收益货币化的主要因素（World Bank，2007）。

（2）疾病负担评估。多项空气污染对人类健康影响的流行病学研究（Kan and Chen，2004；Liu et al.，2010；张衍燊等，2013；李湉湉等，2013）应用基于泊松（Poisson）回归的比例风险模型进行空气污染物的暴露–反应关系计算。相对于人群来说，疾病和死亡的发生都是小概率事件，符合统计学上的泊松分布。同时，暴露与人群健康终点的联系从统计学角度来说多为"弱相关"，即斜率一般较小；在此条件下，如暴露的差值不是很大的话则假定泊松比例风险模型曲线关系为直线关系，具体关系式如下：

$$\Delta E = I_{ref} \times \beta \times (C - C_0) \qquad (4\text{-}5)$$

式中，ΔE 为增加的人群死亡率；I_{ref} 为研究城市人口基线死亡率；β 为暴露–反应关系系数；C 为污染物浓度；C_0 为参考浓度。

通过结合研究地区的人群数可计算出过早死亡人数，具体计算公式如下：

$$\Delta cases = POP \times I_{ref} \times \beta \times (C - C_0) \qquad (4\text{-}6)$$

式中，$\Delta cases$ 为过早死亡人数；POP 为研究城市人口数。

（3）经济损失的定量估算。本节基于 VOSL 法来估算 PM$_{2.5}$ 暴露的健康经济损失，以及基于 Wang 和 Mullahy（2006）在重庆市开展的 VOSL 研究结果来计算本节所需的北京市 VOSL。据我们所知，Wang 和 Mullahy（2006）的研究是中国唯一的 WTP 空气污染研究，在这项研究的基础上，本节根据文献报道的方法（Quah and Boon，2003；Kan and Chen，2004；Liu et al.，2010；Huang et al.，2012），基于不同时间和不同地区的差异对 VOSL 进行了调整，最终按照公式计算了 2012 年的北京市居民的 VOSL，具体计算公式如下：

$$VOSL = VOSL_{CQ} \times (I_{BJ} / I_{CQ})^e, \qquad (4\text{-}7)$$

$$\begin{aligned} EC_{al} &= \Delta case \times VOSL \\ &= POP \times \Delta E \times VOSL \end{aligned} \qquad (4\text{-}8)$$

式中，VOSL 和 VOSL$_{CQ}$ 分别是北京市居民的统计生命价值和 2012 年的重庆市居民的统计生命价值；I_{BJ} 和 I_{CQ} 分别是 2012 年北京市和重庆市的居民收入；e 是弹性系数，在本节中为 1.0。EC$_{al}$ 是 2013 年 1 月北京市归因于大气 PM$_{2.5}$ 污染的健康经济损失。使用每日 PM$_{2.5}$ 浓度来计算归因死亡人数和健康经济损失，然后对 2013 年 1 月的所有日进行汇总，获得 2013 年 1 月 PM$_{2.5}$ 归因的健康经济损失。

3. 案例研究结果

1）北京市大气 PM$_{2.5}$ 的浓度水平及其疾病负担

2013 年 1 月北京市 PM$_{2.5}$ 逐日平均浓度数据如图 4-8 所示。由图 4-8 可以看出，16 个区的 PM$_{2.5}$ 日均浓度高低略有差别，但是其变化趋势都非常相似。研究期间，只有 3 天的 PM$_{2.5}$ 日均浓度水平较低，低于我国《环境空气质量标准》（GB 3095—2012）75μg/m^3；基本上所有区的 PM$_{2.5}$ 日均浓度水平高于 WHO 的环境浓度限值 24h 浓度均值 25μg/m^3。本节对北京市 16 个区的 PM$_{2.5}$ 日均浓度进行了统计（表 4-2），2013 年 1 月北京 16 个区的 PM$_{2.5}$ 日均浓度范围为 98～228μg/m^3，是 WHO PM$_{2.5}$ 浓度限值的近 10 倍。2013 年 1 月重度雾霾期间，房山区、大兴区和通州区三个区的 PM$_{2.5}$ 日均浓度 >200μg/m^3。延庆区和密云区的 PM$_{2.5}$ 日均浓度较低，约为 100μg/m^3。各区 PM$_{2.5}$ 日均浓度存在显著差异。整体来说，北京市南部的 PM$_{2.5}$ 日均浓度较高，PM$_{2.5}$ 日均浓度最大值出现在通州区，为 716μg/m^3，而

PM$_{2.5}$ 日均浓度最低值出现在密云区，为 6μg/m^3。

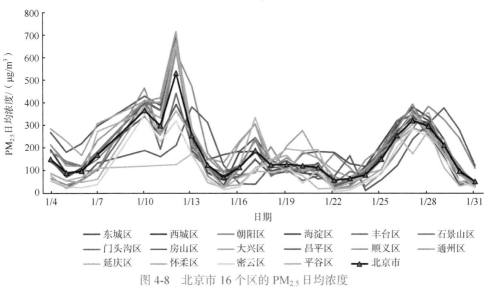

图 4-8　北京市 16 个区的 PM$_{2.5}$ 日均浓度

表 4-2　北京市 2013 年 1 月分区 PM$_{2.5}$ 日均浓度统计 （单位：μg/m^3）

北京各区	Mean±SD	最大值	最小值	P25	P50	P75
北京市	174±115	532	51	98	126	244
东城区	188±147	699	40	98	135	235
西城区	181±147	673	30	88	138	211
朝阳区	198±144	625	30	96	147	274
海淀区	162±114	393	15	82	123	252
丰台区	195±140	673	27	113	129	265
石景山区	182±142	669	37	94	131	229
房山区	228±123	638	46	155	183	277
大兴区	222±133	675	48	138	195	285
昌平区	150±108	383	12	61	122	207
顺义区	166±150	633	15	60	111	238
通州区	217±143	716	52	120	209	263
门头沟区	156±117	443	28	75	105	205
延庆区	98±65	277	18	50	90	117
怀柔区	144±115	389	16	56	105	229
密云区	113±102	347	6	31	72	164
平谷区	185±147	657	19	73	160	272

表 4-3 列出了 2013 年 1 月期间归因于北京 $PM_{2.5}$ 污染的疾病负担。2013 年 1 月北京市 $PM_{2.5}$ 污染事件导致的急性全死因死亡 479 例，其中朝阳区最多，为 95 例，其次是海淀区，为 70 例。尽管两区的 $PM_{2.5}$ 浓度不是最高的，但是由于两区的人口数量较多，因此两区的归因死亡人数较多。同时，朝阳区的疾病负担略高于海淀区，可能是因为朝阳区与海淀区相比具有更高的 $PM_{2.5}$ 浓度水平，$PM_{2.5}$ 归因疾病负担较低的区域为延庆区、密云区、门头沟区和怀柔区，其归因死亡人数均少于 10 例，与这四个区的人口相对较少有关。其余区归因于 $PM_{2.5}$ 污染的急性死亡人数均为 10～55 例。通常，更严重的 $PM_{2.5}$ 污染程度和更多的人口会导致较高的疾病负担。这提示空气污染的健康防护需要重点关注污染严重、人口较多、人口密度较大的地区。

表 4-3　北京市 2013 年 1 月归因于 $PM_{2.5}$ 的健康经济损失 [a]

北京各区	月均 GDP[b]/10^6 美元	2013 年 1 月全死因急性超额死亡风险			功能分区	功能区健康经济损失（GDP）/%
		超额死亡人数/人	健康经济损失[c]/10^6 美元	区域健康经济损失（GDP）/%		
北京市	23594	479	179.86	0.76	北京市	0.76
东城区	1914	22	8.12	0.42	首都功能核心区	0.36
西城区	3422	29	11.04	0.32		
朝阳区	4793	95	35.72	0.75	城市功能拓展区	0.79
海淀区	4638	70	26.33	0.57		
丰台区	1219	55	20.68	1.70		
石景山区	446	15	5.53	1.24		
房山区	593	29	10.98	1.85	城市发展新区	1.23
大兴区	517	42	15.89	3.07		
昌平区	668	34	12.67	1.90		
顺义区	1456	20	7.43	0.51		
通州区	595	36	13.59	2.29		
门头沟区	154	6	2.07	1.34	生态涵养发展区	1.28
延庆区	111	3	1.28	1.16		
怀柔区	240	7	2.47	1.03		
密云区	236	6	2.34	0.99		
平谷区	202	10	3.71	1.83		

a. 北京市居民统计生命价值 375502 美元。

b. 北京市 2013 年月均 GDP。

c. 健康经济损失为 $PM_{2.5}$ 污染急性超额死亡风险的经济损失。

2）归因于 PM$_{2.5}$ 污染的健康经济损失

表 4-3 还展示了 2013 年 1 月北京市归因于 PM$_{2.5}$ 污染的健康经济损失。2013 年 1 月，PM$_{2.5}$ 污染导致急性死亡的健康经济损失为 1.7986 亿美元，约占 GDP 的 0.76%。有几项研究探索了通常情况下 PM$_{2.5}$ 的健康经济损失，PM$_{2.5}$ 污染导致的健康经济损失约占 GDP 的 1%（Kan and Chen，2004；Huang et al.，2012），与本节结果非常接近。只有一项研究报告了 PM$_{2.5}$ 污染导致的健康经济损失约占 GDP 的 0.17%（殷永文等，2011）。这些研究与本节一起证实了 PM$_{2.5}$ 给中国带来了一定的经济负担。

朝阳区 PM$_{2.5}$ 的归因健康经济损失最多，为 3572 万美元，然后是海淀区，为 2633 万美元。延庆区的归因健康经济损失最低，为 128 万美元，门头沟为 207 万美元，密云区为 234 万美元，怀柔区为 247 万美元。北京其他区的健康经济损失为 371 万～2068 万美元。从总体上讲，更严重的 PM$_{2.5}$ 污染和人口密度增加导致更高的经济成本，然而不同地区的人口和经济发展特征各不相同，因此为了更加科学地了解 PM$_{2.5}$ 污染对应健康经济损失对本地区的影响，计算了所有区的健康经济损失的 GDP 占比。Ecal/GDP 描述了与 PM$_{2.5}$ 污染相关的健康经济损失。因此，Ecal/GDP 是公式的重要参数，对制定有效政策以维持可持续经济发展具有重要参考意义。研究结果显示，大兴区的健康经济损失占 GDP 的 3.07%，通州区为 2.29%，昌平区为 1.90%，房山区为 1.85%；最低的为西城区，为 0.32%，其次是东城区，占 0.42%；其余区的健康经济损失占比为 0.51%～1.83%。

为了北京市的可持续发展，北京市政府将北京市 16 个区进行了功能区划分，根据功能区重点发展相关的经济类型（北京市人民政府，2014），因此还根据北京市政府对 16 个区的功能分区，分别计算了 4 类功能区的健康经济损失的 GDP 占比情况。2013 年 1 月，北京市 16 个区的健康经济损失的 GDP 占比情况如图 4-9 所示，健康经济损失占 GDP 比例（‰）趋势和 PM$_{2.5}$ 浓度总体上是一致的。但是在不同的功能区具有显著的差异（表 4-3），首先是城市发展新区大兴区、通州区、昌平区和房山区，工业活动和交通运输是主要的经济发展类型，这导致这 4 个区具有更高的 PM$_{2.5}$ 水平，而这 4 个区的 GDP 均低于其他地区。因此，该 4 个区的健康经济损失与 GDP 的比例与其他地区相比较高。相反，西城区和东城区的健康经济损失的 GDP 占比最低，这两个区构成北京的核心区域，主要是国家政治、金融、历史和旅游中心。工业和交通的贡献在这些核心领域中可能会比其他领域低。西城区和东城区的 GDP 比其他区更高，因此，其经济损失率最低。生态涵养发展区的 Ecal/GDP 比例最高，为 1.28%，城市发展新区、城市功能拓展区、首都功能核心区该比例分别为 1.23%、0.79% 和 0.36%。本节分区的研究结果对于制定更有效的对策以减少健康风险和经济负担，以保持经济可持续发展具有重要参考意义。

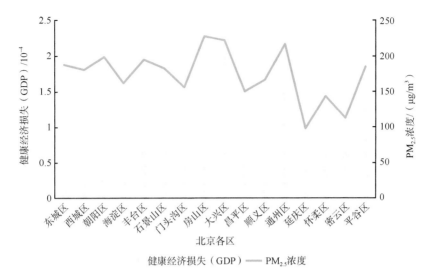

图 4-9　北京市 2013 年 1 月 $PM_{2.5}$ 浓度水平及归因健康经济损失

4. 案例小结

在这项研究中评估了极端雾霾天气事件下归因于 $PM_{2.5}$ 污染的疾病负担，并量化其经济损失。2013 年 1 月，北京 $PM_{2.5}$ 污染事件造成了 479 例急性死亡。其对应的健康经济损失约为 1.8 亿美元，占北京市 GDP 的 0.76%。该研究结果对于全面了解 $PM_{2.5}$ 污染的归因疾病负担及其健康经济损失具有重要意义。城市发展新区和生态涵养发展区的 Ecal/GDP 高于首都功能核心区和城市功能拓展区，Ecal/GDP 的地区之间的差异很大。本节结果对于制定区域政策减少 $PM_{2.5}$ 污染的疾病负担和相关的经济负担，保持经济可持续发展具有重要意义。

参 考 文 献

北京环境保护局监测中心. 2013. 北京空气质量. http://zx.bjmemc.com.cn/[2021-5-15].

北京市人民政府. 2014. 北京市主体功能区规划. http://zhengwu.beijing.gov.cn/ghxx/qtgh/t1240927.htm [2021-7-16].

北京市统计局，国家统计局北京调查总队. 2014. 2013 北京统计年鉴. 北京：中国统计出版社.

陈仁杰，陈秉衡，阚海东. 2010. 我国 113 个城市大气颗粒物污染的健康经济学评价. 中国环境科学，30（3）：410-415.

陈仁杰，陈秉衡，阚海东. 2014. 大气细颗粒物控制对我国城市居民期望寿命的影响. 中国环境科学，34（10）：2701-2705.

陈仁杰，阚海东. 2013. 对《2010 年全球疾病负担评估》中我国 $PM_{2.5}$ 污染部分的一些看法. 中华医学杂志，93（34）：2689-2690.

重庆市统计局，国家统计局重庆调查总队. 2014. 2013 重庆统计年鉴. 北京：中国统计出版社.

方叠. 2014. 中国主要城市空气污染对人群健康的影响研究. 南京：南京大学.

阚海东，陈秉衡，贾健. 2004. 城市大气污染健康危险度评价的方法——第三讲大气污染物暴露浓度与人群健康效应的暴露–反应关系分析（续二）. 环境与健康杂志，21（4）：253-254.

李国星. 2013. 我国四个典型城市空气污染所致超额死亡评估. 中华医学杂志，34（93）：2703-2706.

李湉湉，杜艳君，莫杨，等. 2013. 我国四城市 2013 年 1 月雾霾天气事件中 $PM_{2.5}$ 与人群健康风险评估. 中华医学杂志，93（34）：2699-2702.

李小鹰. 2015. $PM_{2.5}$ 与心血管疾病的关系. 中国临床保健杂志，（2）：113-115.

潘小川，李国星，高婷. 2012. 危险的呼吸：$PM_{2.5}$ 的健康危害和经济损失评估研究. 北京：中国环境科学出版社.

武继磊，王劲峰，郑晓瑛，等. 2003. 空间数据分析技术在公共卫生领域的应用. 地理科学进展，22（3）：219-228.

谢鹏，刘晓云，刘兆荣，等. 2009. 我国人群大气颗粒物污染暴露–反应关系的研究. 中国环境科学，29（10）：1034-1040.

殷永文，程金平，段玉森，等. 2011. 某市霾污染因子 $PM_{2.5}$ 引起居民健康危害的经济学评价. 环境与健康杂志，28（3）：250-252.

曾强，李国星，张磊，等. 2015. 大气污染对健康影响的疾病负担研究进展. 环境与健康杂志，32（1）：85-90.

张态，申元英. 2013. 地理信息系统在环境流行病学中的应用. 现代预防医学，40（11）：2005-2009.

张衍燊，马国霞，於方，等. 2013. 2013 年 1 月灰霾污染事件期间京津冀地区 $PM_{2.5}$ 污染的人体健康损害评估. 中华医学杂志，93（34）：2707-2710.

赵晋丰，孙海龙，贾红，等. 2016. 北京市室外空气疾病负担定量评估研究. 预防医学论坛，（1）：23-25，32.

Apte J S，Marshall J D，Cohen A J，et al. 2015. Addressing global mortality from ambient $PM_{2.5}$. Environmental Science & Technology，49（13）：8057-8066.

Atkinson R W，Kang S，Anderson H R，et al. 2014. Epidemiological time series studies of $PM_{2.5}$ and daily mortality and hospital admissions：A systematic review and meta-analysis. Thorax，69（7）：660-665.

Bell M L，Dominici F，Samet J M. 2005. A meta-analysis of time-series studies of ozone and mortality with comparison to the national morbidity，mortality，and air pollution study. Epidemiology，16（4）：436-445.

Boldo E，Medina S，Le Tertre A，et al. 2006. Apheis：Health impact assessment of long-term exposure to $PM_{2.5}$ in 23 European cities. European Journal of Epidemiology，21（6）：449-458.

Brauer M，Freedman G，Frostad J，et al. 2016. Ambient air pollution exposure estimation for the Global Burden of Disease 2013. Environmental Science & Technology，50（1）：79-88.

Burnett R，Chen H，Szyszkowicz M，et al. 2018. Global estimates of mortality associated with long-term exposure to outdoor fine particulate matter. Proceedings of the National Academy of Sciences of the United States of America，115（38）：9592-9597.

Burnett R T，Pope C A，Ezzati M，et al. 2014. An integrated risk function for estimating the global burden of disease attributable to ambient fine particulate matter exposure. Environmental Health Perspectives，122：397-403.

Chen M H，Hao G C. 2014. Research on regional difference decomposition and influence factors of population aging in China. China Population Resources & Environment，24（4）：136-141.

Chen R, Chu C, Tan J, et al. 2010. Ambient air pollution and hospital admission in Shanghai, China. Journal of Hazardous Materials，181（1-3）：234-240.

Chen R J, Kan H D, Chen B, et al. 2012. Association of particulate air pollution with daily mortality：The China air pollution and health effects study. American Journal of Epidemiology，175（11）：1173-1181.

Chen Z，Wang J，Ma G，et al. 2013. China tackles the health effects of air pollution. The Lancet，382（9909）：1959-1960.

Chow J C. 2006. Health effects of fine particulate air pollution：Lines that connect. Journal of the Air & Waste Management Association，56：1368-1380.

Cohen A, Anderson H, Brauer M, et al. 2012. The global burden of disease attributable to outdoor air pollution：Estimates from the GBD 2010 project. Conference of the International Society for Environmental Epidemiology，23（5）：S135.

Coyle D，Stieb D，Burnett R，et al. 2003. Impact of particulate air pollution on quality-adjusted life expectancy in Canada. Journal of Toxicology and Environmental Health Part A，66（16-19）：1847-1864.

Di Q，Kloog I，Koutrakis P，et al. 2016. Assessing $PM_{2.5}$ exposures with high spatio-temporal resolution across the continental United States. Environmental Science & Technology，50（9）：4712-4721.

Dockery D W，Pope C A，Xu X，et al. 1993. An association between air-pollution and mortality in 6 United-States cities. New England Journal of Medicine，329：1753-1759.

Dockery D W, Stone P H. 2007. Cardiovascular risks from fine particulate air pollution. New England Journal of Medicine，356（5）：511-513.

Dominici F，McDermott A，Daniels M，et al. 2005. Revised analyses of the National Morbidity，Mortality，and Air Pollution Study：Mortality among residents of 90 cities. Journal of Toxicology and Environmental Health，Part A，68（13-14）：1071-1092.

Dominici F, Peng R D, Bell M L, et al. 2006. Fine particulate air pollution and hospital admission for cardiovascular and respiratory diseases. The Journal of American Medical Association，295（10）：1127-1134.

Du Y，Li T. 2016. Assessment of health-based economic costs linked to fine particulate（$PM_{2.5}$）pollution：A case study of haze during January 2013 in Beijing, China. Air Quality，Atmosphere & Health，9（4）：439-445.

Evans J，Van D A, Martin R V, et al. 2013. Estimates of global mortality attributable to particulate air pollution using satellite imagery. Environmental Research，120：33-42.

Fang D，Wang Q，Li H，et al. 2016. Mortality effects assessment of ambient $PM_{2.5}$，pollution in the 74 leading cities of China. Science of the Total Environment，569-570：1545-1552.

Foraster M，Basagaña X，Aguilera I，et al. 2014. Association of long-term exposure to traffic-related air pollution with blood pressure and hypertension in an adult population-based cohort in Spain（the REGICOR study）. Environmental Health Perspectives，122（4）：404-411.

Forastiere F，Stafoggia M，Picciotto S，et al. 2005. A case-crossover analysis of out-of-hospital coronary deaths and air pollution in Rome，Italy. American Journal of Respiratory and Critical Care Medicine，172（12）：1549-1555.

Forouzanfar M H，Alexander L，Anderson H R，et al. 2015. Global，regional，and national comparative risk assessment of 79 behavioral，environmental and occupational，and metabolic risks or clusters of risks in 188 countries，1990—2013：A systematic analysis for the Global Burden of Disease Study 2013. The Lancet，386（10010）：2287-2323.

GBD 2017 Risk Factor Collaborators. 2018. Global，regional，and national comparative risk assessment of 84 behavioural，environmental and occupational，and metabolic risks or clusters of risks for 195 countries and territories，1990—2017：A systematic analysis for the Global Burden of Disease Study 2017. The Lancet，392（10159）：10-16.

GBD 2019 Risk Factors Collaborators. 2020. Global burden of 87 risk factors in 204 countries and territories，1990–2019：A systematic analysis for the Global Burden of Disease Study 2019. The Lancet，396：1223-1249.

Gehring U，Gruzieva O，Agius R M，et al. 2013. Air pollution exposure and lung function in children：The ESCAPE project. Environmental Health Perspectives，121（11-12）：1357-1364.

Guo Y，Li S，Tian Z，et al. 2013. The burden of air pollution on years of life lost in Beijing，China，2004—2008：Retrospective regression analysis of daily deaths. The British Medical Journal，347：f7139.

Guo Y M，Barnett A G，Zhang Y S，et al. 2010. The short-term effect of air pollution on cardiovascular mortality in Tianjin，China：Comparison of time series and case-crossover analyses. Science of the Total Environment，409（2）：300-306.

Hammitt J K，Zhou Y. 2006. The economic value of air-pollution-related health risks in China：A contingent valuation study. Environmental and Resource Economics，33（3）：399-423.

Huang D S，Xu J H，Zhang S Q. 2012. Valuing the health risks of particulate air pollution in the Pearl River Delta，China. Environmental Science & Policy，15：38-47.

Huang J，Pan X，Guo X，et al. 2018. Health impact of China's Air Pollution Prevention and Control Action Plan：An analysis of national air quality monitoring and mortality data. Lancet Planetary Health，2（7）：313-323.

Jerrett M，Turner M C，Beckerman B S，et al. 2016. Comparing the health effects of ambient particulate matter estimated using ground-based versus remote sensing exposure estimates. Environmental Health Perspectives，125：552-559.

Kan H D，Chen B H. 2004. Particulate air pollution in urban areas of Shanghai，China：Health-based economic assessment. Science of the Total Environment，322：71-79.

Katsouyanni K，Schwartz J，Spix C，et al. 1996. Short term effects of air pollution on health：A European approach using epidemiologic time series data：The APHEA protocol. Journal of Epidemiology & Community Health，50（S1）：S12-S18.

Kim K，Park H，Yang W，et al. 2011. Urinary concentrations of bisphenol A and triclosan and associations with demographic factors in the Korean population. Environmental Research, 111(8): 1280-1285.

Kinney P L，O'Neill M S，Bell M L，et al. 2008. Approaches for estimating effects of climate change on heat-related deaths：Challenges and opportunities. Environmental Science & Policy，11（1）: 87-96.

Kinney P L，Roman H A，Walker K D，et al. 2010. On the use of expert judgment to characterize uncertainties in the health benefits of regulatory controls of particulate matter. Environmental Science & Policy，13（5）：434-443.

Kloog I，Chudnovsky A A，Just A C，et al. 2014. A new hybrid spatio-temporal model for estimating daily multi-year $PM_{2.5}$, concentrations across northeastern USA using high resolution aerosol optical depth data. Atmospheric Environment，95（1）：581-590.

Knowlton K，Rotkin-Ellman M，King G，et al. 2009. The 2006 California heat wave：Impacts on hospitalizations and emergency department visits. Environmental Health Perspectives，117（1）：61-67.

Koton S，Molshatzki N，Yuval，et al. 2013. Cumulative exposure to particulate matter air pollution and long-term post-myocardial infarction outcomes. Preventive Medicine，57（4）：339-344.

Krewski D，Jerrett M，Burnett R T，et al. 2009. Extended follow-up and spatial analysis of the American cancer society study linking particulate air pollution and mortality. Research Report，140（140）：5.

Krupnick A，Hoffmann S，Larsen B，et al. 2006. The Willingness to Pay for Mortality Risk Reductions in Shanghai and Chongqing，China. Washington DC：Resources for the Future，World Bank.

Künzli N，Medina S，Kaiser R，et al. 2001. Assessment of deaths attributable to air pollution：Should we use risk estimates based on time series or on cohort studies. American Journal of Epidemiology，153（11）：1050-1055.

Laden F，Neas L M，Dockery D W，et al. 2000. Association of fine particulate matter from different sources with daily mortality in six US cities. Environmental Health Perspectives，108：941-947.

Laden F，Schwartz J，Speizer F E，et al. 2006. Reduction in fine particulate air pollution and mortality：Extended follow-up of the Harvard six cities study. American Journal of Respiratory & Critical Care Medicine，173（6）：667-672.

Lelieveld J，Evans J S，Fnais M，et al. 2015. The contribution of outdoor air pollution sources to premature mortality on a global scale. Nature，525（7569）：367-371.

Li C，Shi M S，Gao S，et al. 2017. Assessment of population exposure to $PM_{2.5}$ for mortality in China and its public health benefit based on BenMAP. Environmental Pollution，221：311-17.

Li T，Zhang Y，Wang J，et al. 2018. All-cause mortality risk associated with long-term exposure to ambient $PM_{2.5}$ in China a cohort study. The Lancet Public Health，3（10）：e470-e477.

Lim S S，Vos T，Flaxman A D，et al. 2012. A comparative risk assessment of burden of disease and injury attributable to 67 risk factors and risk factor clusters in 21 regions, 1990–2010：A systematic analysis for the Global Burden of Disease Study 2010. The Lancet，380：2224-2260.

Lin H L, Jun T, Du Y D, et al. 2016. Particle size and chemical constituents of ambient particulate pollution associated with cardiovascular mortality in Guangzhou, China. Environmental Pollution, 208: 758-766.

Liu S, Zhou Y M, Liu S X, et al. 2016. Association between exposure to ambient particulate matter and chronic obstructive pulmonary disease: Results from a cross-sectional study in China. Thorax, 72 (9): 788-795.

Liu X Y, Xie P, Liu Z R, et al. 2010. Economic assessment of acute health impact due to inhalable particulate air pollution in the Pearl River Delta. Acta Scientiarum Naturalium Universitatis Pekinensis, 46 (5): 829-834.

Loomis D, Grosse Y, Lauby-Secretan B, et al. 2013. The carcinogenicity of outdoor air pollution. Lancet Oncology, 14 (13): 1262.

Lozano R, Naghavi M, Foreman K, et al. 2012. Global and regional mortality from 235 causes of death for 20 age groups in 1990 and 2010: A systematic analysis for the Global Burden of Disease Study 2010.The Lancet, 380 (9859): 2095-2128.

Lu F, Xu D, Cheng Y, et al. 2015. Systematic review and meta-analysis of the adverse health effects of ambient $PM_{2.5}$ and PM_{10} pollution in the Chinese population. Environmental Research, 136: 196-204.

Ma Y J, Chen R J, Pan G W, et al. 2011. Fine particulate air pollution and daily mortality in Shenyang, China. Science of the Total Environment, 409: 2473-2477.

Ma Z W, Hu X F, Andrew M S, et al. 2016. Satellite-based spatiotemporal trends in $PM_{2.5}$ concentrations: China, 2004—2013. Environmental Health Perspectives, 124 (2): 184-192.

MacIntyre E A, Gehring U, Mölter A, et al. 2014. Air pollution and respiratory infections during early childhood: An analysis of 10 European birth cohorts within the ESCAPE Project. Environmental Health Perspectives, 122 (1): 107-113.

Middleton N, Yiallouros P, Kleanthous S, et al. 2008. A 10-year time-series analysis of respiratory and cardiovascular morbidity in Nicosia, Cyprus: The effect of short-term changes in air pollution and dust storms. Environment Health, 7: 39.

Miller K A, Siscovick D S, Sheppard L, et al. 2007. Long-term exposure to air pollution and incidence of cardiovascular events in women. The New England Journal of Medicine, 356 (5): 447-458.

Naghavi M, Wang H, Lozano R, et al. 2015. Global, regional, and national age-sex specific all-cause and cause-specific mortality for 240 causes of death, 1990—2013: A systematic analysis for the Global Burden of Disease Study 2013. The Lancet, 385 (9963): 117-171.

Peel J L, Tolbert P E, Klein M, et al. 2005. Ambient air pollution and respiratory emergency department visits. Epidemiology, 16 (2): 164-174.

Polichetti G, Cocco S, Spinali A, et al. 2009. Effects of particulate matter (PM_{10}, $PM_{2.5}$ and PM_1) on the cardiovascular system. Toxicology, 261: 1-8.

Pope C A, Burnett R T, Krewski D, et al. 2009. Cardiovascular mortality and exposure to airborne fine particulate matter and cigarette smoke: Shape of the exposure-response relationship. Circulation, 120: 941-948.

Pope C A，Burnett R T，Turner M C，et al. 2011. Lung cancer and cardiovascular disease mortality associated with ambient air pollution and cigarette smoke：Shape of the exposure-response relationships. Environmental Health Perspectives，119：1616-1621.

Pope C A，Dockery D W. 2006. Health effects of fine particulate air pollution：Lines that connect. Journal of the Air and Waste Management Association，56：709-742.

Pope C A，Dockery D W. 2013. Air pollution and life expectancy in China and beyond. Proceedings of the National Academy of Sciences of the United States of America，110（32）：12861-12862.

Pope C A，Thun M J，Namboodiri M M，et al. 1995. Particulate air pollution as a predicator of mortality in a prospective study of U.S. adults. American Journal of Respiratory and Critical Care Medicine，151（3）：669-674.

Pope III C A，Burnett R T，Thun M J，et al. 2002. Lung cancer，cardiopulmonary mortality，and long-term exposure to fine particulate air pollution. The Journal of the American Medical Association，287（9）：1132-1141.

Quah E，Boon T L. 2003. The economic cost of particulate air pollution on health in Singapore. Journal of Asian Economics，14：73-90.

Rohde R A，Muller R A. 2015. Air pollution in China：Mapping of concentrations and sources. PLoS One，10（8）：e0135749.

Roman H A，Walker K D，Walsh T L，et al. 2008. Expert judgment assessment of the mortality impact of changes in ambient fine particulate matter in the U.S. Environmental Science & Technology，42（7）：2268-2274.

Samet J M，Zeger S L，Dominici F，et al. 2000. The national morbidity，mortality，and air pollution study. Part I：Methods and methodologic issues. Research Report Health Effects Institute，94(Pt2)：5-70，71-79.

Schwartz J. 2000. Harvesting and long term exposure effects in the relation between air pollution and mortality. American Journal of Epidemiology，151（5）：440-448.

Shang Y，Sun Z W，Cao J J，et al. 2013. Systematic review of Chinese studies of short-term exposure to air pollution and daily mortality. Environmental International，54：100-111.

Silva R A，West J J，Lamarque J F，et al. 2017. Future global mortality from changes in air pollution attributable to climate change. Nature Climate Change，7：1-6.

Van D A，Martin R V，Brauer M，et al. 2016. Global estimates of fine particulate matter using a combined geophysical-statistical method with information from satellites，models，and monitors. Environmental Science & Technology，50（7）：3762-3772.

Villeneuve P J，Goldberg M S，Krewski D. 2002. Fine particulate air pollution and all-cause mortality within the Harvard six-cities study：Variations in risk by period of exposure. Annals of Epidemiology，12（8）：568-576.

Wang H，Mullahy J. 2006. Willingness to pay for reducing fatal risk by improving air quality：A contingent valuation study in Chongqing，China. Science of the Total Environment，367：50-57.

Wang Q，Wang J，He M Z，et al. 2018. A county-level estimate of $PM_{2.5}$ related chronic mortality risk in China based on multi-model exposure data. Environment International，110：105-112.

Wang Q，Wang J，Zhou J，et al. 2019. Estimation of $PM_{2.5}$-associated disease burden in China in 2020 and 2030 using population and air quality scenarios： A modelling study. Lancet Planetary Health，3： 71-80.

Wang X Q，Chen P J. 2014. Population ageing challenges health care in China. The Lancet，383 （9920）： 870.

WHO. 2006. Preventing Disease Through Healthy Environments： Towards an Estimate of the Environmental Burden of Disease. https://www.who.int/publications/i/item/9241593822[2022-7-31].

WHO. 2013. Environmental Health Challenges in Mauritania. http://www.who.int/features/2013/mauritania_environmental_health/zh/[2015-5-25].

WHO. 2015. WHO Presence in Countries，Territories and Areas - 2015 Report. https://www.who.int/publications/i/item/WHO-CCU-15.05[2022-07-31].

Woodruff T J，Parker J D，Schoendorf K C. 2006. Fine particulate matter（PM$_{2.5}$）air pollution and selected causes of postneonatal infant mortality in California. Environmental Health Perspectives，114（5）： 786-790.

World Bank. 2007. Cost of Pollution in China. https://www.docin.com/p-133022458.html [2021-3-15].

World Bank. 2014. Cost of Pollution in China： Economic Estimates of Physical Damages. http://search.worldbank.org/all?qterm=Cost%20of%20pollution%20in%20China[2021-8-13].

Wu S W，Yang N，Guo X B，et al. 2016. Short-term Exposure to High Ambient Air Pollution Increases Airway Inflammation and Respiratory Symptoms in Chronic Obstructive Pulmonary Disease Patients in Beijing，China. Environment International，94： 76-82.

Xie R，Sabel C E，Lu X，et al. 2016. Long-term trend and spatial pattern of PM$_{2.5}$ induced premature mortality in China. Environment International，97： 180-186.

Yang G，Wang Y，Zeng Y，et al. 2013. Rapid health transition in China，1990—2010： Findings from the Global Burden of Disease Study 2010. The Lancet，381（9882）： 1987-2015.

Yang X，Liang F，Li J，et al. 2020. Associations of long-term exposure to ambient PM$_{2.5}$ with mortality in Chinese adults： A pooled analysis of cohorts in the China-PAR project. Environment International，138： 105589.

Yin P，Brauer M，Cohen A，et al. 2017. Long-term fine particulate matter exposure and nonaccidental and cause-specific mortality in a large national cohort of Chinese men. Environmental Health Perspectives，125（11）： 117002.

Zanobetti A，Bind M C，Schwartz J. 2008. Particulate air pollution and survival in a COPD cohort. Environmental Health，7： 48.

Zeller M，Giroud M，Royer C，et al. 2006. Air pollution and cardiovascular and cerebrovascular disease： Epidemiologic dat. La Presse Médicale，35（10 Pt 2）： 1517-1522.

Zhang M S，Song Y，Cai X H. 2007. A health-based assessment of particulate air pollution in urban areas of Beijing in 2000—2004. Science of the Total Environment，376： 100-108.

Zhang M S，Song Y，Cai X H，et al. 2008. Economic assessment of the health effects related to particulate matter pollution in 111 Chinese cities by using economic burden of disease analysis. Journal of Environmental Management，88： 947-954.

Zhang Z L，Wang J，Chen L H，et al. 2014. Impact of haze and air pollution-related hazards on hospital admissions in Guangzhou，China. Environmental Science and Pollution Research，21：4236-4244.

Zhao H L. 2014. The thoughts and formation of the 13th Five-Year Plan of National Environmental Protection of China. Environmental Protection，42（22）：28-32.

Zheng Y，Xue T，Zhang Q，et al. 2017. Air quality improvements and health benefits from China's clean air action since 2013. Environmental Research Letters，12（11）：114020.

Zhou M，Wang H，Zeng X，et al. 2019. Mortality，morbidity，and risk factors in China and its provinces，1990—2017：A systematic analysis for the Global Burden of Disease Study 2017. The Lancet，394（10204）：1145-1158.

Zhou M，Wang H，Zhu J，et al. 2015. Cause-specific mortality for 240 causes in China during 1990—2013：A systematic subnational analysis for the Global Burden of Disease Study 2013. The Lancet，387（10015）：251-272.

第 5 章　环境健康风险预测

环境健康风险预测基于未来视角，在风险评估的基础上，结合未来短期或中长期的预测数据，预判环境危险因素对人群健康的可能影响程度，探索环境健康风险的演变趋势，有利于为环境健康风险防控中即时干预措施的实施和前瞻性长远策略的规划提供依据。其中，环境健康风险预警，旨在预测即将到来的较短时段内环境危险因素可能存在的风险水平，从而实现环境健康风险预报预警公众健康服务的开展；环境健康风险预估，旨在预测未来中长期的环境健康风险水平及变化特征，进而为环境及公共卫生政策的战略布局提供支撑。

5.1　环境健康风险预测研究进展

5.1.1　环境健康风险预警研究进展

开展环境健康风险预警需要充分的基础研究，如较长时间的基础数据监测与收集、极端天气事件与健康结局的定量关系、健康预警指标的科学选择等。目前，很多环境污染事件，如重金属污染、水污染等都缺乏相应的健康风险研究数据与研究基础，这些领域的预警研究大多为事件是否发生的预警，并未以健康风险的预警作为主要内容。在环境健康风险预警领域，高温热浪的健康预警研究具备较好的数据基础和较高的公众关注度。

20 世纪 70 年代起，研究者开始关注温度与健康的关系（Hajat et al., 2010），积累了大量的暴露–反应关系研究方法和结果，并且建立了良好的数据收集机制。同时，随着气象科学的发展，高温热浪预报准确性的提高也为健康预警研究提供了可能。在全球气候变化进程不断加速的背景下，高温热浪无论在发生频率还是在强度上都不断提高，高温热浪健康风险预警系统作为应对气候变化健康危害、保护人群健康的重要手段，得到了越来越多的关注。

近年来，空气污染的健康预警研究受到政府和公众越来越多的关注，尤其是在我国，严重的空气污染事件频发，人们对于如何科学地采取防护措施并不完全掌握。随着相关数据和方法技术的积累，我国目前已经具备开展相关研究的基础，研究的可行性日趋完善。可以预见，空气污染的预警指标、公众交流和预防措施的制定研究将成为一个研究热点。

　　最早开展空气污染健康风险预警工作的是南非，2007 年南非开普半岛科技大学基于"动态空气污染预报系统（DAPPS）"研发出了 Air Pollution Index（API）System，并在南非开普敦市开展试点工作（Cairncross et al., 2007）；2008 年加拿大政府基于 API System，在全球首次构建并发布了空气质量健康指数（AQHI）（Stieb et al., 2008）；随后 Sicard 等（2011）于 2010 年提出了整合风险指数（aggregate risk index，ARI）方法，并先后应用于法国东南部、希腊（雅典和塞萨洛尼基）及荷兰。2019 年 Perlmutt 和 Cromar（2019）通过对单一污染物的超额风险进行对数转换，探索了一种修正健康指数（adjusted health based index，AHBI），使 AQHI 数值调整为正态分布。

　　我国也对空气质量健康风险预警研究进行了探索。2012 年陈仁杰等（2012）首先在上海构建了 AQHI，随后 Chen 等（2013）、陈仁杰等（2013）、王文韬等（2017）、王砚（2015）研究了 AQHI 在上海、北京、广州、兰州等地的应用；2015年 Hu 等（2015）探索了北京、上海、广州等 6 地基于健康的空气质量指数（health-risk based air quality index，HAQI），旨在比较 HAQI 与空气质量指数（AQI）等的不同。我国最早于 2013 年在香港以 AQHI 取代 API 对外发布正式实施（Wong et al., 2013）；随后，2016 年广东省环境保护厅提出了建设 AQHI 新指标的规划；2019 年 7 月浙江省丽水市生态环境局通过丽水市 AQHI 项目评审会，并于 7 月 28 日首先发布了试点县的 AQHI。以上研究都是局地或单个城市的指数研究，目前仍缺乏全国的 AQHI 研究。

5.1.2　环境健康风险预估研究进展

　　环境健康风险预估是环境健康研究领域的前沿主题，是指对未来较长时间段的环境健康风险进行预测的研究，其基本思路是基于大规模环境与健康历史数据，应用流行病学、环境科学、气象科学等多种研究方法，将不同时期、不同情景下环境因子（如空气污染、气温等）暴露水平数据、人口变化情况与各类环境因子对人群健康影响的定量关系相结合，从而预估未来较长时间段各类不良环境因子造成的人群健康风险及其变化趋势。环境健康风险预估是提前布局未来环境健康相关政策（包括污染物减排政策及疾病预防控制政策）的重要依据，研究意义重大，备受国际学术界的广泛关注。

　　由于环境健康风险预估的开展要求整合多学科的数据资源、模型方法等，且高度依赖于环境暴露预估数据的可得性，因此开展起来具有一定的难度，目前在此领域的研究主要集中在气候变化背景下未来气温和空气污染（PM$_{2.5}$为主）的健康风险预估（Li et al., 2013, 2016; Wang et al., 2019）。例如，Li 等（2013, 2016）发表的关于气候变化下温度健康风险预估季节变化趋势的文章，基于多个气候变化排放情景和多个全球气候变化模型预估的温度结果，预估了纽约曼哈顿未来温度相关健康风险。Wang 等（2019）基于我国未来 PM$_{2.5}$ 的分区控制目标和人口情景，预估了中国 2020 年和 2030 年的空气污染疾病负担，研究发现，若人口保持不变，空气质量按照《国家环保"十三五"规划编制思路》的目标改善，2020 年和 2030 年 PM$_{2.5}$ 归因超额死亡分别可减少 13.5% 和 22.8%；若考虑到未来人口的增长和老龄化，则该数字将增加 8.8% 和 25.6%。近年来逐步开始关注气候变化下其他环境因子如臭氧暴露所致健康风险的变化（Nawahda et al.，2012；Fang et al.，2013；Chen et al.，2018；Orru et al.，2019）。已有研究多针对欧美等发达国家开展，但涉及我国气候变化背景下环境健康风险预估的定量研究较少。这些研究均在不同的排放情景下预估环境 PM$_{2.5}$ 污染、臭氧或高温低温等暴露的相关死亡风险，研究健康结局单一，且对环境因子所致相关疾病发生的风险鲜有探讨。因此，气候变化下各类环境因子暴露所致多种疾病的发病与死亡健康风险预估是一项亟须开展的研究工作。

　　流行病学方法量化的不良环境因子暴露对人群健康效应的暴露–反应关系是预估不良环境因子健康风险水平的关键参数。由于已有研究大多关注环境 PM$_{2.5}$ 污染、臭氧或高温低温等不良环境因子与人群死亡风险的关联，而对不良环境因子对各类疾病发病影响的定量化研究十分有限，这就导致环境健康风险预估方法存在局限。一方面，预估研究的健康结局单一，以预测死亡风险为主，疾病发病风险的预估研究不足；另一方面，预估研究的疾病种类单一，既往研究大多关注一种或少数几种疾病。因此，亟须基于本土暴露数据与健康数据开展不良环境因子与多种疾病发病及死亡风险的暴露–反应关系研究，为科学而全面地预估未来各类不良环境因子健康风险提供重要参数。

　　预测未来不良环境因素的暴露水平是开展环境健康风险预估研究的又一关键前提，为预估研究提供未来不良环境因子暴露数据。对于大气污染暴露的预估，国际主流预测方法包括两种，一种预测方法是结合全球气候模式（general circulation models，GCMs）与区域空气质量模型（community multi-scale air quality model version，CMAQ），使用全球气候模式输出数据驱动区域空气质量模型气象场，同时结合不同情景下的大气化学反应、沉降、扩散以及排放等因素，对未来不同情景下的区域大气质量进行模拟（Madaniyazi et al.，2015，2016），这类研究方法对模型技术、参数数据和计算资源要求较高，此外，由于受到计算条件限制，获取到的区域大气污染水平数据分辨率较低，预测结果不确定性较大。另一种预测方法是通过在研究区域边界范围内对带有化学模式的全球气候模式输出数据直接进行统计降尺度，获得精度较高的城市级别的局地大气污染浓度水平（Sun et al.，2015；Silva et al.，2016），这类研究方法仅需要定义区域边界范围并结合区域内历史监测站点观测数据即可开展，研究结果具有较高的精确度，因此高效可行。亟待将此降尺度技术引入其他类环境因子的健康风险预估工作中，由此获取暴露水平变化趋势，以期为未来人群健康风险的预估提供科学基础。

人口数、疾病死亡率、发病率是开展环境健康风险预估的其他重要参数，人口数和疾病死亡率、发病率的未来变化趋势是否纳入预估模型中会对结果造成不同的影响。早期研究通常假设未来人口数和疾病死亡率保持不变（Tagaris et al.，2009；Tainio et al.，2013），而近年来快速老龄化对人口数量和结构都产生重大影响。近期两项研究中预估我国 $PM_{2.5}$ 长期暴露的死亡风险和臭氧短期暴露的死亡风险时考虑未来人口按不同模式发展，研究结果表明即便是在未来大气污染降低的情况下，由于老龄人口的增加，$PM_{2.5}$ 相关的人群超额死亡和臭氧污染相关心脑血管疾病急性死亡风险仍呈增长趋势（Chen et al.，2018；Wang et al.，2019）。因此，在预估模型中需要充分考虑未来这些参数可能发生的变化，才能获得更为科学合理的预估结果。可通过将不同排放情景和不同人口发展情景联合使用，充分降低预估结果的不确定性，以提高预估结果的科学性与实际指导意义。

目前，国内外已有一些研究采用 AQHI 来评估空气质量变化对呼吸系统疾病、心血管系统疾病等相关疾病的影响。大多数研究集中于加拿大，To 等（2012）在加拿大安大略省构建了空气质量与哮喘发病率关系的 AQHI。研究发现在当天及滞后 2 天内，AQHI 每增加 1，当日哮喘门诊量增加 5.6%，滞后 2 天急诊入院数增加了 1.3%。同样在加拿大安大略省，Feldman 等（2013）研究了 AQHI 与门诊量和住院率的关系，结果表明 AQHI 每增加 1，门诊量增加 2%～7%，其中糖尿病门诊和高血压门诊的增幅最大（6.8%）；住院率方面，糖尿病住院率（5.9%）高于肺癌住院率（3.8%）和哮喘住院率（3.8%）。Chen 等（2014）在加拿大埃德蒙顿研究发现 4～9 月 AQHI 与急性缺血性卒中急诊量呈正相关，且 75 岁及以上老年人关联性最强。

国内也有学者对 AQHI 进行了研究。Li 等（2017）运用时间序列研究的方法，使用广州 2012～2015 年的空气污染物浓度与每日死亡率构建 AQHI，研究表明 AQHI 每增加一个四分位数间距，死亡率、呼吸系统和心血管系统的住院率分别增加 3.61%、3.73%和 4.19%。Chen 等（2014）对上海 2001～2008 年空气污染和死亡率关联的研究发现，AQHI 每增加 1，每日总死亡率、入院率、门诊就诊率和急诊就诊率分别增加 0.90%、1.04%、1.62%和 0.51%。

5.2 环境健康风险预警研究方法

空气污染健康风险预警主要研究内容包括以下五个方面：预警污染物选择、预警指数计算、预警分级、预警发布和健康建议、指数评价和应用。

5.2.1　预警污染物选择

随着经济高速发展，环境空气污染特征也在改变，考虑空气污染物危害特征、监测水平等因素，目前国内外纳入空气污染健康风险预警的污染物涵盖 O_3、$PM_{2.5}$、PM_{10}、SO_2、NO_2 及 CO 六种常规监测污染物，其中气态污染物 O_3 和 NO_2 以及 $PM_{2.5}$ 在健康风险预警中应用较为普遍。API System、AQHI、ARI、HAQI 及 AHBI 都纳入了 O_3、NO_2 和 $PM_{2.5}$，污染物的选择主要依据以下四个原则：①是否为常规监测污染物，根据 AQHI（陈仁杰等，2013；王砚，2015）和 HAQI（Hu et al.，2015）在北京、兰州等城市的研究，SO_2、NO_2、O_3、$PM_{2.5}$ 等均为常规监测污染物；②是否纳入 WHO 公布污染物 RR 值的范围，如 API System（Cairncross et al.，2007）将 SO_2、O_3、$PM_{2.5}$、PM_{10}、NO_2 均纳入预警范围，上述污染物皆由 WHO 根据欧盟健康影响评估程序发布 RR 值；③是否具有健康效应，如香港 AQHI（Wong et al.，2013）选择 SO_2、O_3、$PM_{2.5}$、PM_{10}、NO_2 五种与呼吸系统和心脑血管疾病急诊入院率有关的污染物；④时间序列分析模型是否稳定，如加拿大研究发现 O_3、$PM_{2.5}$、PM_{10} 及 NO_2 对混合空气污染物导致死亡的影响有重要预测作用，而当 CO 和 SO_2 纳入模型时并不会增加健康风险，因而纳入 O_3、$PM_{2.5}$、PM_{10}、NO_2 四种污染物（Stieb et al.，2008）。

5.2.2　预警指数计算

预警指数计算通常根据污染物与健康结局间的暴露–反应关系，计算各污染物的超额健康风险。

根据健康结局不同，其计算可以分为以下两类：①死亡。由于死亡数据质量较高，且为健康终点，容易获得，API System、AQHI（加拿大）、ARI 及 HAQI 均以死亡数据计算暴露–反应关系。死亡数据通常根据 ICD 编码选择非意外总死亡、呼吸系统以及心血管疾病死亡。②入院。由于死亡率仅代表健康结局的"金字塔顶端"，主要人群为老年人，而住院治疗涵盖了更多不同年龄段人群，尤其是受空气污染影响较大的儿童。中国香港有研究发现 O_3、$PM_{2.5}$、PM_{10}、SO_2 及 NO_2 五种污染物与呼吸系统及心脑血管疾病急诊入院率相关，参考加拿大 AQHI 构建了适合本地的 AQHI（Wong et al.，2013）；Perlmutt 和 Cromar（2019）以呼吸系统急诊门诊量及 SO_2、NO_2、O_3、$PM_{2.5}$ 四种污染物等计算暴露–反应关系，并通过对超额呼吸系统就诊风险进行对数转换探索了美国纽约市布朗克斯区和皇后区的 AHBI。

根据健康风险分级方式不同，其计算可以分为以下两类：①1～10 或 10+分级方式：API System、AQHI（加拿大、中国香港）、ARI、AHBI 均采用计算各单项污染物超额健康风险，然后相加后得到大气污染的综合健康风险。②参照 AQI

分级方式。HAQI 首先计算各单项污染物超额健康风险总和，然后以风险总和反推各单项污染物对应浓度，并以此浓度计算各单项污染物分指数，最后以分指数最大的污染物所对应的指数为最终结果。

根据指数应用地区不同，其计算可以分为以下两类：①单一城市。我国由于经纬度跨度大，地形地貌和气候类型多样化，不同地区急性健康效应研究获得的暴露–反应关系不同，建立全国通用的 AQHI 较困难。我国目前全国性的研究开展较少，主要是对单一城市或者少部分城市的研究，如我国香港以及陈仁杰等（2012）、王砚（2015）先后对上海、兰州建立时间序列模型计算暴露–反应关系，构建了适合本地的 AQHI。②多城市。考虑到多城市分别采用不同的暴露–反应关系计算指数会导致不同城市的评价标准难以比较，大多数指数采用了统一的暴露–反应关系。例如，API System 及 ARI 均依据 WHO 发布的各污染物相对危险度值；Hu 等（2015）及王文韬等（2017）以基于中国研究的 Meta 分析暴露–反应关系分别构建 HAQI、AQHI；陈仁杰等（2013）的研究首先采用时间序列分析方法估算单个城市的暴露–反应关系，然后应用贝叶斯层次模型对 16 个城市的暴露–反应关系系数合并。

5.2.3 预 警 分 级

发生概率高的低风险事件与发生概率低的高风险事件需要采用不同的健康建议，因此在空气污染健康风险预警中需要科学合理的预警分级。合理的预警分级可以让公众有针对性地采取科学的预防措施。

预警分级方案通常根据空气质量以级别（数字）和类别（严重程度）两种方法，并考虑脆弱人群对指数进行分级，其分级主要依据以下三个原则：①指数和健康结局之间的线性关系，按比例平均分配，如 API System、ARI 及加拿大 AQHI 按健康风险由低到高均分为 11 级，其中 1～3 级为低风险，4～6 级为中风险，7～9 级为高风险，10+为极高风险（Stieb et al.，2008；Cairncross et al.，2007；Sicard et al.，2011，2012）。②以入院风险增加幅度作为分级阈值。加拿大作为最早实施 AQHI 进行空气污染健康风险预警的国家，其分级为中国香港、上海、兰州等地 AQHI 探索分级提供了依据（陈仁杰等，2012；王文韬等，2017；王砚，2015；Chen et al.，2013；Wong et al.，2013）。根据 WHO《空气质量指引》制定的空气污染物短期指标浓度所对应的本地入院风险增幅，中国香港制定了空气质量健康指数的"高"和"甚高"级别的阈值，这两个指数级别的相应入院风险增幅分别为 11.29%及 12.91%（Wong et al.，2013），分别用于界定脆弱人群和一般市民应采取预防措施的空气污染水平，以保障他们的健康。与加拿大 AQHI 分级不同的是，中国香港 7 级为高风险，8～10 级为甚高风险，10+为严重风险。③参考 AQI 以 0～500 分级。在中国探索的 HAQI 依据总超额死亡风险及等价的污染物浓度，基于 AQI 以 0～500 分为优、良、不利于敏感人群、有害、非常有害、危险、严重七级，前四级以每增加 50 为阈值，后三级以每增加 100 为阈值，其中第二级良（AQI 为 100）对应中国《环境空气质量标准》（GB 3095—2012）空气污染物二级标准浓度（Hu et al.，2015）。

5.2.4 预警发布和健康建议

1. 预警发布

空气质量健康风险预警发布主要包括以下三个方面：①时间频率。香港 AQHI 官网空气质量健康指数及健康风险每小时发布一次，加拿大政府网站则提供各城市 AQHI 实时查询。②区域差异。不同区域空气质量状况不同，通过在城市不同区域设置空气质量监测站可为市民提供更为准确的预警。例如，香港分为一般监测站和路边监测站，并对当天上午和下午的健康风险进行预测；如果公众大部分时间远离路边，则与一般空气质量健康指数关系较大，如果公众大部分时间逗留在交通繁忙、四周高楼大厦林立的场所，则与路边空气质量健康指数关系较大。③发布平台。预警发布主要通过政府卫生部门、气象部门或者环保部门发布，发布平台包括网站、手机 APP、热线、新闻发布系统等，并根据 AQHI 给出风险等级以及相应的健康出行建议，另外，还包括 AQHI 使用指南及常见问题解答等模块。

2. 健康建议

中国香港环境保护署、法国及加拿大环境部就不同的污染水平，为市民提供健康防护建议（Stieb et al.，2008；Wong et al.，2013）。根据空气污染健康风险预警的不同分级，预警系统分别针对一般人群、户外工作人员及敏感人群，如心脏病或呼吸系统疾病患者、老人、儿童等提出了相应的健康建议（Stieb et al.，2008；Sicard et al.，2011；Wong et al.，2013）。

对于一般人群及户外工作人员，"低、中、高"健康风险水平均可正常活动，而从"甚高"到"严重"健康风险水平应尽量减少户外体力消耗及户外逗留的时间，特别是在交通繁忙地方；针对敏感人群，一般"低、中"健康风险水平可进行日常户外活动，而"高、甚高、严重"健康风险水平应减少在户外（尤其是交通繁忙的地点）逗留的时间。

5.2.5 指数评价和应用

预警指数的评价包括方法评价和效果评价，一种新方法的发展需要经过有效性检验才能被采纳实施。目前对 AQHI 有效性的方法评价一般有以下六种：①相关性检验。通过计算斯皮尔曼相关系数比较 AQHI 和 AQI 的相关性（陈仁杰等，2013）。②分级频数分布一致性检验。作图比较 AQHI 和 AQI 指数分级频数分布（Hu et al.，2015）。③风险预测有效性检验。基于奇数年估计回归系数，然后构建 AQHI，最后在偶数年的时间序列分析中将其作为自变量对死亡率进行回归，评估 AQHI 作为风险预测因子的有效性（Stieb et al.，2008）。④结局预测能力检验。将 AQHI 和 AQI 数值分别纳入时间序列分析模型，比较 AQHI 和 AQI 预测健康的能力（陈仁杰等，2013）。⑤预测敏感性检验。选择污染特征不同的城市分别计算 AQHI，观察 AQHI 与各污染物相关性；选择特殊污染事件（如火灾）发生时，计算 AQHI，检验 AQHI 反映特定污染事件的能力（Stieb et al.，2008）。⑥模型稳定性检验。使用其他来源暴露–反应关系系数进行 AQHI 构建，并进行敏感性分析（Stieb et al.，2008）；将时间序列分为不同时间段分别运行模型，比较不同模型 RR 值与原始模型关系（Wong et al.，2013）。

由于空气质量健康风险预警指数研究尚处于探索阶段，效果评价技术不成熟，目前对于空气质量健康风险预警指数健康影响的效果评价尚未开展。例如，实施 AQHI 的加拿大只是通过电话访谈来获悉公众对 AQHI 的知信行以及 AQHI 发布报告的认知和响应（Stieb et al.，2008）。

5.3　环境健康风险预估研究方法

5.3.1　预估研究数据类型及来源

1. 暴露数据

开展环境健康风险预估研究，首先需要有环境因子的暴露数据，针对基线年和未来年份开展人群暴露评估。基线年暴露数据可以采用固定的环境质量监测站数据，如空气质量监测站点的 $PM_{2.5}$、臭氧等浓度数据或气象站点监测的气温、湿度、风速等数据，也可以采用基于卫星遥感数据反演的时空模拟数据。对于未来的环境因子暴露数据、未来气象数据可以基于全球气候模式的降尺度数据，而空气污染暴露，可以用环境保护规划等提出的未来浓度目标值为基础进行分析，也可以使用结合全球气候模式与区域空气质量模型预估的未来空气污染物浓度数据。

2. 人口数据

大尺度的研究可以使用 2010 年第六次全国人口普查得到的区县尺度的人口

数据集，这个数据集包含 0～85 岁的每 5 岁为间隔的年龄组人口信息。区域尺度的评估则可基于省市的人口和社会经济统计年鉴等获取人口数据。未来情景（2020年和 2030 年）的人口数据可以从多个渠道获取，如联合国政府间气候变化专门委员会（Intergovernmental Panel on Climate Change，IPCC）共享社会经济路径（Shared Socioeconomic Pathway，SSPs）的五种情景下的预估人口（SSP1～SSP5）数据产品，该套数据为 0.1°网格，已有相关研究对这一数据产品进行降尺度，可获得不同尺度的人口数据（Chen et al.，2020）。

3. 基础发病率和死亡率数据

目前尚未有全国性的比较完备的不同疾病发病率和死亡率数据库，也没有针对未来不同时期的疾病发病率和死亡率预估数据，现有研究一般都是基于基线时间段的数据，假设未来时段基础发病率和死亡率都保持不变。全国省级尺度的分疾病、分年龄的死亡率数据可从中国疾病预防控制中心慢性非传染性疾病预防控制中心的研究成果（Zhou et al.，2016）和 GBD 2013 研究共享的数据（Naghavi et al.，2015）获取；区域尺度的基础发病率和死亡率数据也可以基于各级疾控部门的疾病和死因监测数据等进行测算。

4. 暴露–反应关系数据

用于预估的暴露–反应关系，大多是基于基线年的暴露–反应关系数据，通过多中心的队列研究，分析得出环境因子暴露与健康结局的暴露–反应关系。也可通过文献查阅方式，获取已有研究中得到的一些环境因子暴露与健康结局的暴露–反应关系，用于评估环境因子疾病负担。由于社会经济和人口的变化，未来人群对于环境因子适应性会有一定的变化，也可以基于一些未来因子的预估，对基线年的暴露–反应关系进行一定的调整，模拟出未来的暴露–反应关系。

5.3.2　预 估 方 法

1. 情景设置

预估未来环境污染物对人群健康影响时，人口数据可使用 2010 年第六次全国人口普查数据和 IPCC 共享社会经济路径（SSP1～SSP5）下的人口发展模式数据。未来污染浓度预测可采用国家生态环境保护规划等文件中确定的污染物浓度控制目标来确定，可设置三种场景，如浓度完全不变，空气质量按照目标 100%改善，空气质量按照目标 50%改善等。可使用用于全球疾病负担研究的综合暴露–反应模型来估计每种情况下环境污染相关过早死亡的数量。

2. 计算模型

基于上述暴露–反应关系、环境暴露预估，同时结合未来人口数据和基线年发病率/死亡率数据，基于经典的 WHO 环境疾病负担评估公式，估算环境污染因素所致疾病负担（超额死亡人数/超额发病数）。

5.4 研究案例

5.4.1 中国五城市 AQHI 构建

1. 研究背景

2019 年全球疾病负担报告数据显示，大气污染已居我国居民归因疾病负担风险因素第四位。空气污染带来的人群健康问题受到越来越多的关注。我国环保部门自 2013 年起，在全国范围内开展环境空气质量实时监测，并发布 AQI 提示健康风险，为我国空气污染水平的科学研究和公众交流提供了重要的依据。但 AQI 根据标准限值及首要污染浓度值发布健康提示，尚未定量考虑污染物的无阈值健康风险和多污染物的综合作用。目前，已有一些国家和地区应用 AQHI 向公众发布空气污染健康风险提示，该指数在综合多污染物浓度特征的基础上，考虑空气污染物的人群健康暴露–反应关系，进而分级空气污染健康风险。目前我国空气污染首要污染物多以 $PM_{2.5}$、O_3 为主。本案例基于广州、上海、西安、北京、沈阳 2013～2015 年 $PM_{2.5}$、O_3 数据，构建 5 城市基于 2 类污染物的 AQHI，并将其分布特征与 $PM_{2.5}$、O_3 的浓度分布进行比较。

2. 案例方法

1）数据

研究地点为广州、上海、西安、北京、沈阳，研究时间段为 2013 年 1 月 1 日～2015 年 12 月 31 日。$PM_{2.5}$、O_3 站点小时值浓度数据来自生态环境部空气质量实时监测系统，根据城市内所有站点的小时值计算各城市日均值浓度。暴露–反应关系来自中国地区研究的 Meta 分析，$PM_{2.5}$、O_3 每增加 $10\mu g/m^3$，总非意外疾病超额死亡风险分别增加 0.38%、0.48%。死亡数据来自 2010 年第六次全国人口普查数据。

2）方法

首先，使用 $PM_{2.5}$、O_3 计算每个城市每日总非意外疾病超额死亡风险，见式（5-1）：

$$\mathrm{ER}_{it} = \mathrm{EXP}\left(\mathrm{est}_{\mathrm{PM}_{2.5}} \times \mathrm{PM}_{2.5}\right) - 1 + \mathrm{EXP}\left(\mathrm{est}_{\mathrm{O}_3} \times \mathrm{O}_3\right) - 1 \tag{5-1}$$

式中，ER_{it} 为 i 城市第 t 天的超额死亡风险；$\mathrm{est}_{\mathrm{PM}_{2.5}}$ 为 $\mathrm{PM}_{2.5}$ 与总非意外死亡暴露–反应关系 β 系数；$\mathrm{est}_{\mathrm{O}_3}$ 为 O_3 与总非意外死亡暴露–反应关系 β 系数；$\mathrm{PM}_{2.5}$ 为 i 城市第 t 天 $\mathrm{PM}_{2.5}$ 日均值浓度；O_3 为 i 城市第 t 天 O_3 日均值浓度。

然后，使用 5 个城市全死因日死亡均数对超额死亡率进行加权调整，以调整不同城市规模及空气污染程度对公式的影响，从而得到研究期内最大加权超额死亡率，见式（5-2）：

$$\mathrm{ER}_{\max} = \mathrm{MAX}_{1,\,2,\,3,\,\cdots,\,t}\left\{\sum_i\left[\left(m_i\left|\sum_i m_i\right.\right) \times \mathrm{ER}_{it}\right]\right\} \tag{5-2}$$

式中，$\mathrm{ER}_{\max}$ 为研究期间内最大加权超额死亡风险；m_i 为 i 城市总死亡日死亡数均值；ER_{it} 为 i 城市第 t 天超额死亡风险。

最后，将研究城市的每日超额死亡率除以作为权重的研究期间最大加权超额死亡率，再乘以 10，调整为 10 分制，最终得到该城市每日 AQHI 指数，见式（5-3）：

$$\mathrm{AQHI} = \frac{\mathrm{ER}_{it}}{\mathrm{ER}_{\max}} \times 10 \tag{5-3}$$

式中，AQHI 指数范围为 1~10+。

3）AQHI 分级

将 AQHI 指数分为四级，分别为低风险（1~3）、中风险（4~6）、高风险（7~10）、极高风险（10+）。

3. 案例结果

1）2013~2015 年中国 5 个城市 AQHI 指数及健康风险分级

广州、上海、西安、北京、沈阳 AQHI 指数频率分布总体呈左偏峰分布。5 个城市的 AQHI 指数集中分布在 2~4，其中广州的指数频率最高为 2，比例为 29.41%；西安、北京、沈阳指数频率最高的为 3，其频率分别为 30.59%、22.55%、30.10%；上海市指数 4 的频率最高，为 32.67%。通过比较 5 个城市在低、高 AQHI 指数的分布发现：5 个城市分布于指数 1 的频率，广州最高，为 8.91%；指数为“10”“10+”时北京、西安的频率较高，分别为 2.02%、2.67%。具体结果见图 5-1。

2）2013~2015 年中国 5 个城市分季节 AQHI 健康风险分级

广州、上海、西安、北京、沈阳不同季节的健康风险总体多分布于低、中风险，但不同城市不同季节的健康风险频率差异明显。比较不同季节的频率分布可

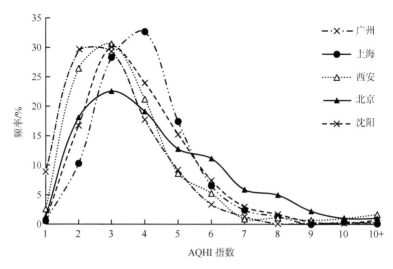

图 5-1　2013～2015 年中国 5 个城市 AQHI 指数分布

以发现，广州夏季、西安秋季、北京秋冬季多处于低风险，频率分别为 20.37%、17.58%、14.41%；上海春季、沈阳夏季多处于中风险，频率分别为 17.29%、14.60%。5 个城市高风险频率的季节性差异显示出广州、西安、沈阳的冬季，上海春季，北京夏季的频率高于该城市的其他季节，多处于高风险，分别为 1.06%、2.59%、2.11%、1.44%、5.69%；广州夏季未发生高风险；广州、上海秋季高风险频率均＜0.3%，西安夏、秋季均＜0.2%；北京秋季高风险频率较低，为 2.25%，但其频率高于广州、上海、沈阳高风险频率。5 个城市中，不同季节的极高风险频率同样具有差异：除广州在春季的极高风险频率以外，其他 4 个城市均为冬季频率高，且广州、上海、西安在其他 3 个季节和沈阳在春、夏季均无极高风险；北京四季均出现极高风险，其中，冬季（0.59%）＞秋季（0.29%）＞春季（0.20%）＞夏季（0.10%），结果见表 5-1。

表 5-1　2013～2015 年 5 个城市分季节 AQHI 健康风险频率表　　（单位：%）

城市	季节	低风险	中风险	高风险	极高风险
广州	春	17.96	4.03	0.58	0.29
	夏	20.37	5.38	0.00	0.00
	秋	13.45	11.05	0.10	0.00
	冬	16.62	9.13	1.06	0.00
上海	春	4.13	17.29	1.44	0.00
	夏	10.57	14.31	0.86	0.00
	秋	12.10	12.20	0.29	0.00
	冬	12.87	12.49	1.34	0.10

续表

城市	季节	低风险	中风险	高风险	极高风险
西安	春	14.70	7.49	0.67	0.00
	夏	13.45	12.10	0.19	0.00
	秋	17.58	6.82	0.19	0.00
	冬	13.54	9.03	2.59	1.63
北京	春	6.47	13.53	3.14	0.20
	夏	6.67	13.82	5.69	0.10
	秋	14.41	6.08	2.25	0.29
	冬	14.41	9.12	3.24	0.59
沈阳	春	9.61	11.62	1.63	0.00
	夏	10.37	14.60	0.77	0.00
	秋	13.06	10.37	0.86	0.29
	冬	14.51	9.80	2.11	0.38

4. 案例小结

本节使用广州、上海、西安、北京、沈阳 5 个城市 $PM_{2.5}$、O_3 数据构建适合本地的 AQHI，结果显示：5 个城市空气污染健康风险多处于低、中风险水平，广州、西安、沈阳高风险集中于冬季，上海高风险集中于春季，北京高风险集中于夏季，北京夏季高风险频率在 5 个城市居最高；西安极高风险出现在冬季，在 5 个城市中频率最高；而广州夏秋冬、上海春夏秋以及沈阳春夏季无极高风险分布。从污染物浓度水平分析，单污染物 $PM_{2.5}$、O_3 浓度仅分别提示冬、夏两季浓度值高。从 AQHI 的水平分析，AQHI 可以综合两种污染物的污染水平及空气污染物与总非意外死亡的暴露–反应关系，得到与单一污染物浓度分布不同的健康风险提示，更加准确地提示空气污染健康风险。

5.4.2　$PM_{2.5}$ 归因疾病负担风险预估

1. 案例背景

中国的空气污染问题备受瞩目，近些年中国政府采取了一系列措施治理空气污染。2013 年，国务院颁布了《大气污染防治行动计划》（简称"大气十条"），以 $PM_{2.5}$ 浓度为约束，对各地区的大气污染防治工作提出了具体要求。2018 年，生态环境部发布实施《打赢蓝天保卫战三年行动计划》，制订了未来三年内我国在大气污染防治方面的任务、目标及计划，以期大幅减少大气污染物的排放，改善环境空气质量。多举措并行使得近些年我国空气污染有所下降，但由于污染基数大，目前形势依然严峻。根据国际经验，空气污染的治理是一个长期的过程。全球疾病负担研究的结果也表明，中国虽然空气质量有所改善，但疾病负担仍有加重趋势（Chen et al.，2013；Cohen et al.，2017；Wang et al.，2019）。面对城市化、人口的持续增长和老龄化的发展（Wang and Chen，2014；Wang and Ge，2016），在中国，空气污染及其对公众健康的负面影响仍然是一个相当严重的问题，中国已经实施了相关政策来改善这一状况，评估这些政策措施背景下未来空气污染相关疾病负担及政策措施的健康效益，对我国中长期的环保和健康政策规划编制具有重要意义（Nawahda et al.，2012；Madaniyazi et al.，2015；Zheng et al.，2017；Huang et al.，2018；Wang et al.，2019）。

本案例旨在使用基于 GBD 的研究方法（GBD 2015 Risk Factors Collaborators，2016），评估 2020 年和 2030 年多种情景下归因于环境 $PM_{2.5}$ 相关的疾病负担（以超额死亡风险为评估指标），以 2010 年为基线年评估量化空气质量改善目标的健康效益，识别出重污染地区和疾病负担严重的地区，并确定人口增长和老龄化对这一疾病负担的影响。

2. 研究方法

1）案例数据

针对基线年（2010 年）的 $PM_{2.5}$ 暴露评估，利用 Emory 大学研究团队开发的基于卫星模拟的 $PM_{2.5}$ 浓度数据（Ma et al.，2016）。对于 2020 年和 2030 年预估的暴露浓度则按照《国家环保"十三五"规划编制思路》（赵华林，2014）中提出的未来 $PM_{2.5}$ 目标值为基础进行分析，主要包括 100% 实现目标和 50% 实现目标两种情景。

基线年（2010 年）人口数据使用第六次全国人口普查得到的区县尺度的人口数据集，这个数据集包含 0～85 岁的每个以 5 年为间隔年龄组的人口信息。未来情景（2020 年和 2030 年）的人口数据来自 IPCC 共享社会经济路径（SSPs）的五种情景下的预估人口（SSP1～SSP5）（Samir and Lutz，2017）。

分疾病、分年龄的死亡率分别来自中国疾病预防控制中心慢性非传染性疾病预防控制中心的研究成果（Zhou et al.，2016）和 GBD 2013 研究共享的数据（Naghavi et al.，2015），使用省级基础死亡率数据来代表研究区各区县的基础死亡率。

2）案例评估方法

评估采用的是 GBD（Burnett et al.，2014；Apte et al.，2015，2018）使用的综合暴露–反应关系（IERs）模型，得到的适用于高污染地区的疾病相对危险度 RR 值；IERs 的 C-R 函数是污染暴露（长期暴露于 $PM_{2.5}$）与不良健康结果风险（每个疾病终点的死亡率）之间的暴露–反应关系，用于表示 $PM_{2.5}$ 浓度增量变化带来的死亡率相对风险。

3）案例情景设置

预估未来环境空气颗粒物对人群健康影响时，使用了 2010 年第六次全国人口普查数据和 IPCC 共享社会经济路径（SSP1～SSP5）下的人口发展模式数据。2010年，由于少数区县的人口数据缺失或无法与县域地图匹配，最终纳入模型的区县约 2826 个，纳入总人口 13.25 亿人。未来污染浓度预测，使用《国家环保"十三五"规划编制思路》中对 2020 年和 2030 年的 $PM_{2.5}$ 浓度控制目标设置了三种场景，包括未来污染状况（$PM_{2.5}$ 浓度完全不变，空气质量按照目标 100%改善空气污染，空气质量按照目标 50%改善）。使用用于全球疾病负担研究的综合暴露–反应关系模型来估计每种情况下 $PM_{2.5}$ 相关过早死亡人数。

基于上述未来人口发展情景和污染状况情景预估结果设置了一个包括 18 个情景的情景组合（表 5-2）。"空气污染 100%改善情景"指的是 $PM_{2.5}$ 的减少等于当前 $PM_{2.5}$ 浓度与目标 $PM_{2.5}$ 浓度的差值，"空气污染 50%改善情景"指的是 $PM_{2.5}$ 的减少等于当前 $PM_{2.5}$ 浓度与目标 $PM_{2.5}$ 浓度之差的 50%。基于上述 18 个情景组合分别计算了 2020 年和 2030 年每个县的过早死亡人数。

表 5-2　空气质量情景和人口情景

项目	人口	$PM_{2.5}$ 浓度
空气污染 100%改善情景		
情景 1	人口不变	空气污染改善 100%
情景 2	SSP1	空气污染改善 100%
情景 3	SSP2	空气污染改善 100%
情景 4	SSP3	空气污染改善 100%
情景 5	SSP4	空气污染改善 100%
情景 6	SSP5	空气污染改善 100%
空气污染 50%改善情景		
情景 7	人口不变	空气污染改善 50%
情景 8	SSP1	空气污染改善 50%
情景 9	SSP2	空气污染改善 50%
情景 10	SSP3	空气污染改善 50%
情景 11	SSP4	空气污染改善 50%
情景 12	SSP5	空气污染改善 50%
空气污染状况不变		
情景 13	人口不变	2020 年和 2030 年空气污染与 2010 年相同
情景 14	SSP1	2020 年和 2030 年空气污染与 2010 年相同

续表

项目	人口	PM$_{2.5}$浓度
情景 15	SSP2	2020 年和 2030 年空气污染与 2010 年相同
情景 16	SSP3	2020 年和 2030 年空气污染与 2010 年相同
情景 17	SSP4	2020 年和 2030 年空气污染与 2010 年相同
情景 18	SSP5	2020 年和 2030 年空气污染与 2010 年相同

3. 案例结果

1）环境 PM$_{2.5}$暴露时空变化

根据《国家环保"十三五"规划编制思路》初步提出 2020 年及 2030 年两个阶段性目标：期望到"十三五"末（2020 年），PM$_{2.5}$超标 30%以内的城市率先实现 PM$_{2.5}$年均浓度达标，PM$_{2.5}$超标 1 倍以上的城市力争到"十三五"末将超标程度缩小三分之一以上，其他超标程度的城市力争到"十三五"末有所改善，力争全国地级以上城市重污染天气减少 60%左右，城市空气质量平均达标天数比例明显提高。根据《国家环保"十三五"规划编制思路》初步设定的 2020 年和 2030 年空气质量改善目标，未来两个阶段较基线年 2010 年 PM$_{2.5}$浓度将有大幅度降低（图 5-2），在此情景下，2020 年和 2030 年的人口加权 PM$_{2.5}$浓度全国均值为 46.45μg/m^3 和 34.22μg/m^3，较 2010 年的 68.80μg/m^3 有大幅度降低。不同时期的 PM$_{2.5}$浓度空间分布如图 5-2 所示。

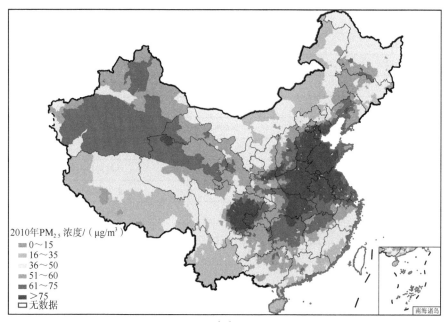

2010年PM$_{2.5}$浓度/（μg/m^3）
- 0~15
- 16~35
- 36~50
- 51~60
- 61~75
- ＞75
- 无数据

（a）

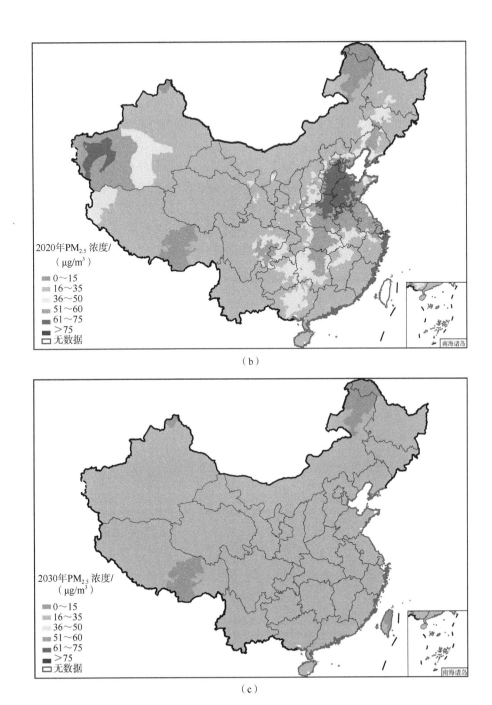

（b）

（c）

图 5-2 三个时期（2010 年、2020 年、2030 年）的 PM$_{2.5}$ 浓度

2）环境 PM$_{2.5}$ 相关超额死亡风险预估

假设人口保持 2010 年的水平不变，空气质量按照上述目标改善，到 2020 年和 2030 年，分别可以减少 19.2 万人和 32.7 万人 PM$_{2.5}$ 归因超额死亡。由此可见，不考虑人口变化因素，空气质量的改善能大大降低居民疾病负担。然而，我国人口增长依然在持续，且逐步进入老龄化社会。因此，未来疾病负担评估，不仅需要考虑空气污染状况（暴露指标），也应考虑人口数量、结构及其空间分布的影响，空气污染对于不同年龄层的人群，健康危害疾病风险是有差异的。按照 IPCC 提供的五种发展路径下的人口情景（SSP1～SSP5），到 2020 年和 2030 年，中国的总人口分别达到 13.75 亿人和 13.70 亿人（五个情景均值），但人口结构发生较大变化（图 5-3），35 岁以下年轻人群比例将显著降低，55 岁以上老年人群比例将显著增加。而老年人群基础死亡率和患病率均大于年轻人群，空气污染的脆弱性也相对较高，因此未来如果只考虑年龄结构的影响，空气污染的疾病负担将加重。

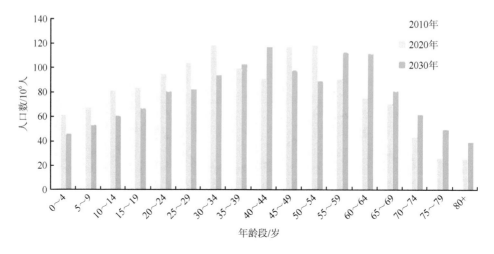

图 5-3　中国人口年龄结构（2010 年，SSP4 情景下 2020 年和 2030 年）

在这 5 个人口发展情景下，若空气质量改善到《国家环保"十三五"规划编制思路》所制定的目标，不同情景下，2020 年 PM$_{2.5}$ 归因超额死亡人数为 102 万～105 万人，2030 年 PM$_{2.5}$ 归因超额死亡人数为 114 万～125 万人，PM$_{2.5}$ 归因疾病负担较 2010 年基线年有较大程度的增加。五种人口情景中，超额死亡总数的中位数为 SSP4（不均衡发展情景），在 SSP4 情景下，PM$_{2.5}$ 归因超额死亡人数为 2020 年的 104 万人和 2030 年的 120 万人，分别较 2010 年增加 8.8% 和 25.6%，这表明，由于人口增长和人口老龄化以及人口空间分布状况的变化，尽管空气质量改善能带来较大的健康效益，但这种健康效益被人口的变化所抵消，未来我国 PM$_{2.5}$ 归因疾病负担将持续增加。要降低空气污染的健康危害，中国在继续改善空气质量的同时，也应注意控制人口增长和老龄化的发展，以及合理规划经济社会发展的空间布局。

a. 时空变化趋势

案例以 SSP4 人口情景、PM$_{2.5}$ 浓度 100% 达到目标浓度为例，分析 PM$_{2.5}$ 相关超额死亡的时空变化情况。从空间布局来看，2010～2030 年，全国大部分区域 PM$_{2.5}$ 相关超额死亡有增长趋势，但整体空间布局三年时间段有类似性。高值区均为京津冀地区、华北平原地区、中部的一些人口大省，如河南、湖北、湖南、四川、安徽、江苏等省，以及东北平原地区。西部如西藏、青海、新疆南部、内蒙古东北部等区域，PM$_{2.5}$ 相关超额死亡较低（图 5-4）。从空间分布来看，PM$_{2.5}$ 相关超额死亡风险高值区与人口密度高、污染浓度高的区域较为一致，未来控制人口增长和降低污染物浓度，是降低空气污染疾病负担的重要措施，同时也需要根据空气污染健康风险的空间格局，优化社会经济发展和空间规划的合理布局。

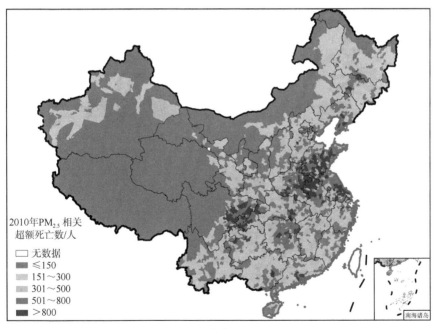

（a）

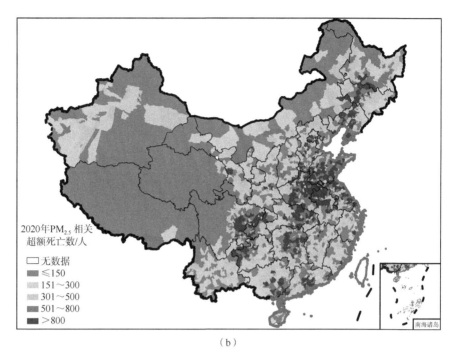

（b）

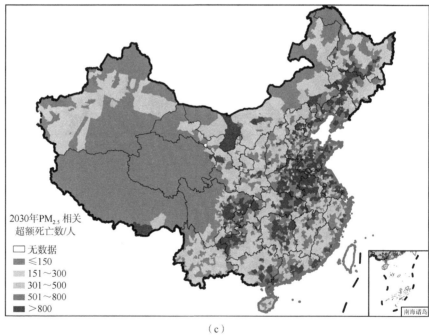

（c）

图 5-4　三个时期（2010 年、2020 年、2030 年）我国 PM$_{2.5}$ 归因超额死亡情况空间分布

人口 SSP4 情景；空气质量按照目标浓度 100%改善

b. 不同情景特征

在五个人口发展情景下，若空气质量改善到《国家环境保护"十三五"规划基本思路》所制定的目标，2020 年 PM$_{2.5}$ 归因超额死亡人数分别为 102 万～105 万人，2030 年 PM$_{2.5}$ 归因超额死亡人数分别为 114 万～125 万人，PM$_{2.5}$ 归因疾病负担较 2010 年基线年有较大程度的增加（图 5-5）。若假设未来空气污染与 2010 年保持一致，不加重也不改善，人口按照 SSPs 的五类情景增长，那么疾病负担将大幅度增加。这一结果表明，若空气质量保持不变，人口的增长和老龄化的加重将大大加重我国居民的 PM$_{2.5}$ 疾病负担。若假设空气质量改善只能达到目标的 50%，则结果居于改善与不变之间。

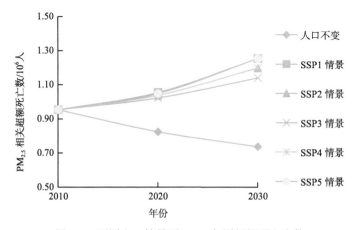

图 5-5　不同人口情景下 PM$_{2.5}$ 归因超额死亡人数

c. 按疾病分析

在 PM$_{2.5}$ 归因超额死亡总数中，五类疾病终点超额死亡数所占的比例有较大差异，不同时期、不同情景之间五类疾病的占比接近，稍有差异（图 5-6）。总体而言，心脑血管系统类疾病占绝大部分，其次为呼吸系统疾病。其中，脑卒中死亡占五类疾病超额死亡的主要部分（52.97%～56.81%），其次为 IHD（30.74%～34.21%），COPD（5.13%～9.20%）、肺癌（3.76%～6.79%）占比较少，急性下呼吸道感染 ALRI 最少（0.08%～0.29%）。

从变化趋势看，在空气质量 100%改善、人口按照 SSP4 情景发展时，PM$_{2.5}$ 相关的心脑血管系统疾病（脑卒中和 IHD）超额死亡占 80%以上且占比有增长趋势，而另外三种疾病则有小幅度下降趋势。若空气质量不变、人口按照 SSPs 情景发展，除了 ALRI 超额死亡有所下降，其余四类疾病超额死亡数均增长，其中脑卒中和 IHD 的超额死亡数增长幅度较大。若空气质量改善而人口不变，则所有类型疾病超额死亡数均下降，COPD、LNC、ALRI 下降幅度较大。

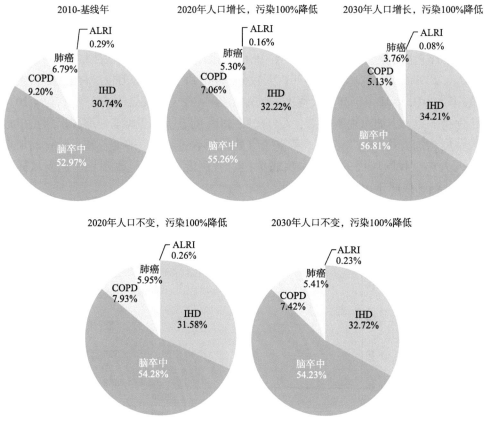

图 5-6   不同疾病超额死亡的占比

4. 案例小结

案例结果表明，未来空气质量改善将大大降低空气污染相关疾病负担，带来显著的健康效益，但是由于人口增长和老龄化的影响，未来一段时间内，空气污染相关的疾病负担依然较重。为了降低空气污染及其健康危害，未来需要结合国际经验和科学研究结论，制定和实施更严格的空气质量和污染排放标准，持续实施环境保护相关政策法规。同时，针对空气污染健康危害，采取行之有效的公共卫生保护措施，尤其是在人口密度高、污染程度重的疾病负担较重的地区，针对老年人和心血管疾病患者等对空气污染较为敏感的脆弱人群需要高度重视，以降低空气污染带来的疾病负担。

参 考 文 献

陈仁杰,陈秉衡,阚海东.2012.上海市空气质量健康指数的构建及其应用.中华预防医学杂志,46（5）：443-446.

陈仁杰,陈秉恒,阚海东.2013.我国空气质量健康指数的初步研究.中国环境科学,33（11）：

2081-2086.

王文韬, 孙庆华, 覃健, 等. 2017. 中国 5 个城市 2013—2015 年空气质量健康指数模拟研究. 中华流行病学杂志, 38 (3): 314-319.

王砚. 2015. 兰州市空气质量健康指数的构建. 兰州: 兰州大学.

赵华林. 2014. 国家环保 "十三五" 规划编制思路. 环境保护, 42 (22): 28-32.

Apte J S, Brauer M, Cohen A J, et al. 2018. Ambient $PM_{2.5}$ reduces global and regional life expectancy. Environmental Science & Technology, 5: 546-551.

Apte J S, Marshall J D, Cohen A J, et al. 2015. Addressing global mortality from ambient $PM_{2.5}$. Environmental Science & Technology, 49 (13): 8057-8066.

Burnett R T, Pope C A, Ezzati M, et al. 2014. An integrated risk function for estimating the global burden of disease attributable to ambient fine particulate matter exposure. Environmental Health Perspectives, 122 (4): 397-403.

Cairncross E K, John J, Zunckel M. 2007. A novel air pollution index based on the relative risk of daily mortality associated with short-term exposure to common air pollutants. Atmospheric Environment, 41 (38): 8442-8454.

Chen K, Fiore A M, Chen R, et al. 2018. Future ozone-related acute excess mortality under climate and population change scenarios in China: A modeling study. PLoS Medicine, 15 (7): e1002598.

Chen L, Villeneuve P J, Rowe B H, et al. 2014. The air quality health index as a predictor of emergency department visits for ischemic stroke in Edmonton, Canada. Journal of Exposure Science and Environmental Epidemiology, 24 (4): 358-364.

Chen R J, Chu C, Tanc J G, et al. 2010. Ambient air pollution and hospital admission in Shanghai, China. Journal of Hazardous Materials, 181 (1-3): 234-240.

Chen Y, Guo F, Wang J, et al. 2020. Provincial and gridded population projection for China under shared socioeconomic pathways from 2010 to 2100. Scientific Data, 7 (1): 83.

Chen Z, Wang J, Ma G, et al. 2013. China tackles the health effects of air pollution. The Lancet, 382 (9909): 1959-1960.

Cohen A J, Brauer M, Burnett R, et al. 2017. Estimates and 25-year trends of the global burden of disease attributable to ambient air pollution: An analysis of data from the Global Burden of Diseases Study 2015. The Lancet, 389 (10082): 1907-1918.

Fang Y, Mauzerall D L, Liu J, et al. 2013. Impacts of 21st century climate change on global air pollution-related premature mortality. Climate Change, 121: 239-253.

Feldman L, Foty R, Dell S, et al. 2013. Using the air quality health index to measure the impact of poor air quality on Chronic diseases in Ontario: A population-based study. American Journal of Respiratory and Critical Care Medicine, 187: A5082.

GBD 2015 Risk Factors Collaborators. 2016. Global, regional, and national comparative risk assessment of 79 behavioural, environmental and occupational, and metabolic risks or clusters of risks, 1990—2015: A systematic analysis for the Global Burden of Disease Study 2015. The Lancet, 388 (10053): 1659-1724.

Hajat S, Sheridan S C, Allen M J, et al. 2010. Heat-health warning systems: A comparison of the predictive capacity of different approaches to identifying dangerously hot days. American Journal of Public Health, 100 (6): 1137-1144.

Hu J L，Ying Q，Wang Y G，et al. 2015. Characterizing multi-pollutant air pollution in China：Comparison of three air quality indices. Environment International，84：17-25.

Huang J，Pan X，Guo X，et al. 2018. Health impact of China's air pollution prevention and control action plan：An analysis of national air quality monitoring and mortality data. The Lancet Planetary Health，2（7）：e313-e323.

Li T，Horton R M，Bader D A，et al. 2016. Aging will amplify the heat-related mortality risk under a changing climate：Projection for the elderly in Beijing，China. Scientific Reports，6：28161.

Li T，Horton R，Kinney P. 2013. Projections of seasonal patterns in temperature-related deaths for Manhattan，New York. Nature Climate Change，3：717-721.

Li X，Xiao J，Lin H，et al. 2017. The construction and validity analysis of AQHI based on mortality risk：A case study in Guangzhou，China. Environmental Pollution，220（Part A）：487-494.

Ma Z W，Hu X F，Andrew M S，et al. 2016. Satellite-based spatiotemporal trends in $PM_{2.5}$ concentrations：China，2004—2013. Environmental Health Perspectives，124（2）：184-192.

Madaniyazi L，Nagashima T，Guo Y，et al. 2015. Projecting fine particulate matter-related mortality in East China. Environmental Science & Technology，49（18）：11141-11150.

Madaniyazi L，Nagashima T，Guo Y，et al. 2016. Projecting ozone-related mortality in East China. Environment International，92-93：165-172.

Naghavi M，Wang H，Lozano R，et al. 2015. Global，regional，and national age-sex specific all-cause and cause-specific mortality for 240 causes of death，1990—2013：A systematic analysis for the Global Burden of Disease Study 2013. The Lancet，385（9963）：117-171.

Nawahda A，Yamashita K，Ohara T，et al. 2012. Evaluation of premature mortality caused by exposure to $PM_{2.5}$，and ozone in East Asia：2000，2005，2020. Water，Air，& Soil Pollution，223（6）：3445-3459.

Orru H，Astrom C，Andersson C，et al. 2019. Ozone and heat-related mortality in Europe in 2050 significantly affected by changes in climate，population and greenhouse gas emission. Environmental Research Letters，14（7）：074013.

Perlmutt L D，Cromar K R. 2019. Comparing associations of respiratory risk for the EPA Air Quality Index and health-based air quality indices. Atmospheric Environment，202（APR.）：1-7.

Samir K C，Lutz W. 2017. The human core of the shared socioeconomic pathways：Population scenarios by age，sex and level of education for all countries to 2100. Global Environmental Change，42：181-192.

Sicard P，Lesne O，Alexandre N，et al. 2011. Air quality trends and potential health effects-development of an aggregate risk index. Atmospheric Environment，45（5）：1145-1153.

Sicard P，Talbot C，Lesne O，et al. 2012. The aggregate risk index：An intuitive tool providing the health risks of air pollution to health care community and public. Atmospheric Environment，46：11-16.

Silva R A，West J J，Lamarque J F，et al. 2016. The effect of future ambient air pollution on human premature mortality to 2100 using output from the ACCMIP model ensemble. Atmospheric Chemistry and Physics，16：9847-9862.

Stieb D M，Burnett R T，Smith-Doiron M，et al. 2008. A new multipollutant，no-threshold air quality health index based on short-term associations observed in daily time-series analyses. Journal of the Air and Waste Management Association，58（3）：435-450.

Sun J，Fu J S，Huang K，et al. 2015. Estimation of future $PM_{2.5}$ and ozone-related mortality over the continental United States in a changing climate：An application of high-resolution dynamical downscaling technique. Journal of the Air and Waste Management Association，65：611-623.

Tagaris E，Liao K J，Delucia A J，et al. 2009. Potential impact of climate change on air pollution-related human health effects. Environmental Science & Technology，43（13）：4979-4988.

Tainio M，Juda-Rezler K，Reizer M，et al. 2013. Future climate and adverse health effects caused by fine particulate matter air pollution：Case study for Poland. Regional Environmental Change，13：705-715.

To T，Shen S，Atenafu E G，et al. 2012. The air quality health index and asthma morbidity：A population-based study. Environmental Health Perspectives，121（1）：46-52.

Wang J，Chen Z L，Wang C，et al. 2007. Heavy metal content and ecological risk warning assessment of vegetable soils in Chongming Island，Shanghai City. Environmental Science，28（3）：647-653.

Wang J，Ge Y. 2016. Population trends in China under the universal two-child policy. Population Research，（6）：3-21.

Wang Q，Wang J，Zhou J，et al. 2019. Future estimation of $PM_{2.5}$-related disease burden in China in 2020 and 2030 based on population and air quality scenarios. The Lancet Planetary Health，（3）：71-80.

Wang X，Chen P. 2014. Population ageing challenges health care in China. The Lancet，383（9920）：870.

Wong T W，Tam W W S，Yu I T S，et al. 2013. Developing a risk-based air quality health index. Atmospheric Environment，76：52-58.

Zheng Y，Xue T，Zhang Q，et al. 2017. Air quality improvements and health benefits from China's clean air action since 2013. Environmental Research Letters，12（11）：114020.

Zhou M，Wang H，Zhu J，et al. 2016. Cause-specific mortality for 240 causes in China during 1990—2013：A systematic subnational analysis for the Global Burden of Disease Study 2013.The Lancet，387（10015）：251-272.

第 6 章　环境健康风险交流

6.1　环境健康风险交流研究进展

6.1.1　环境健康风险交流的重要性

社会经济发展所带来的生态环境问题和生活行为方式改变，导致人群面临潜在的环境健康风险。世界各国的公共卫生部门都在致力于减缓环境健康风险与制定风险应对措施，以保护人群健康。由于很多环境健康损害能够通过人群改善自身风险防范意识和预防行为而减少，人群保护措施的有效实施有赖于公众对措施的理解和配合，因此积极开展环境健康风险交流，提高公众对风险的认知水平和促进对公共卫生防护政策的知晓理解度，有利于保护人群健康。此外，随着近年来环境健康问题凸显，公众的环境健康风险意识有所提高，他们对环境与健康相关信息的需求也不断上升。在政府、公共卫生部门、环境与健康相关机构及公众之间针对环境健康风险开展交流与沟通，已成为风险管理与健康干预中非常迫切的需求。

风险交流就是利益相关方之间交换信息和看法的相互作用过程（National Research Council，1989），即通过健康机构采用科学的方法与公众交流，以提高人群对危害的认知，增强其健康风险意识，从而改善其自身的防护行为，达到增强人群对环境健康风险的正确认知及提升科学应对风险的能力（Sellnow et al.，2009）。

发达国家特别注重风险交流在风险管理中的重要作用，积极开展环境健康风险交流，从而促进环境健康风险管理机构、环境健康专家、公众、其他健康相关机构之间充分的信息沟通，提高风险应对措施的有效性，最大限度地保护公众健康；而我国面临着来自公众愈加强烈的环境健康信息沟通的需求，探索和开展科学有效的风险交流势在必行。因此，有必要对环境健康风险交流这一跨学科的新兴科学理论与方法进行剖析，构建有效的风险交流机制，促进风险交流的开展（钟凯等，2012）。

6.1.2　环境健康风险交流主要研究进展

1. 国际风险交流进展

国际上认为，风险交流是"源于风险认知和风险管理"的。1983 年，美国国家研究委员会（NRC）发布的《联邦政府风险评估：管理过程》中提出风险交流是风险评估过程中十分关键的组成部分，同时强调有关风险评估方面的研究十分匮乏。为了填补这一研究领域的空白，美国国家研究委员会成立了风险感知与交流委员会，旨在风险管理中开展和改善风险交流的理论基础与实践工作，该委员会于1989年出版了《改善风险交流》（*Improving Risk Communication*），并将风险交流定义为"民主对话"，强调风险交流是一个多元化的互动过程，是通过对话解决冲突和建立共识的方法，所有利益相关者或可能会受到风险影响的人都应当被纳入风险交流的互动中，从而充分地获取各方面的信息，最大限度地发挥其为公众服务的潜力，避免因缺乏风险认知与风险交流而导致危机和恐慌。《联邦政府风险评估：管理进程》强调了风险评估、风险管理和风险交流之间关联协调的重要性，此后许多国家，如加拿大、澳大利亚、荷兰等都提出不同的风险管理框架，对各种环境风险因素及健康风险进行系统分析，并就获取的风险信息进行广泛的交流与应用。在美国国家研究委员会定位风险交流之前，风险交流过程一般是由相关机构向公众发布风险信息的单向的交流方式；委员会对风险交流的清晰定义扩大了互动交流的范畴，将交流的方向转变为多元方向，同时也基于科学研究结果扩展了风险交流各个要素的内容，主要包括交流人员的范围、交流信息的多元化与交流方式的多样化。

2. 国内风险交流进展

与国际相比，国内风险交流的发展尚未成熟，不论是风险管理者对风险交流的重视水平，还是学者对风险交流的关注程度都不及欧美国家。有学者指出，目前国内的风险交流常被置于风险管理框架的末端，缺乏大量交流的工具和资源。国内环境健康风险管理没有系统的框架和方法，风险交流方面的探索研究较为分散且没有完善的风险交流理论体系，实践工作中也存在很多亟待解决的问题。这导致我国公众不能有效获取环境健康的相关信息，或者对信息产生各种误读和误解，以至出现过度反应或其他非理性态度和行为，例如日本福岛核泄漏引发中国抢盐事件、厦门PX项目遭恐慌公众逼停事件等已经证明了我国风险交流存在缺漏。

目前，国内环境与健康领域现有的风险交流研究集中于健康教育、风险感知等方面。我国健康信息传播与健康教育的研究与管理工作也是2000年之后开始逐步兴起与推进的。2010年由清华大学发布的《中国健康传播研究（2009—2010）：从媒体舆论到医患沟通》中首次采用实证的方式，提出了与公众进行健康风险交流并进行教育的问题所在（赵曙光等，2010）。根据《"健康中国2020"战略研究报告》，我国公众面临的主要健康风险包括烟草使用、酗酒、不合理膳食、身体活动不足、毒品和药物滥用、不安全性行为；针对这些风险，国内大多采用传播其危害信息的方式来与公众进行单向交流，但是健康信息传播存在不足，且忽视了告诉人们如何去解决和应对健康风险问题。近年来，随着媒体多元化的发展，其在健康信息传播中的作用逐渐增强，新兴网络媒体有力地促进了健康信息传播与健康教育的有效性，提高了公众对健康风险的关注度。但是，对于公众的健康信息传播与教育也缺乏丰富的理论研究与实践工作体系。

公众风险感知研究多针对环境风险感知，通过问卷调查方式研究普通公众对环境污染风险的主观感知水平及其关键的影响因素（黄蕾等，2009；Huang et al.，2013；范华斌，2014）。近年来，由于我国空气污染事件和极端天气事件高频高危的态势引发了公众的高度关注，因此，已有研究多集中于调查公众对空气污染或气候变化极端天气事件的主观感知水平以及分析社会经济因素对感知水平的影响（Pu et al.，2019）。这些研究侧重于环境风险，较少涉及公众对空气污染/极端天气导致的健康风险的感知，对于公众应对空气污染或气候变化极端天气的防护行为水平及影响因素的探索匮乏，同时缺少对环境暴露因素影响公众风险感知的探析，导致我国环境健康风险交流方面鲜有系统性的科学研究。而 2020 年伴随新冠肺炎疫情在全球暴发，面对这一新型传染病严重形势对社会公众心理感受的影响，我国涌现出一批公众风险感知研究（Ding et al.，2020；Huang et al.，2020；Qian and Li，2020；Sun et al.，2020a，2020b；Wang et al.，2020；Yang and Xin，2020），旨在调查公众对疫情的主观风险感知，并剖析风险感知水平的影响因素，报道了我国不同疫情发展时期、不同地区、不同类型人群对疫情健康风险的感知水平及变化趋势，从而为我国和世界上有类似情况地区的公共卫生人群防护提供建议。

因此，在面临环境健康风险，尤其是大众关注的风险时，对公众健康风险感知的探索研究正是能够有力支持公共卫生政策制定的重要因素。一方面公众对于空气污染和极端天气事件的认知水平与敏感程度大大提高，另一方面公众对于空气污染和极端天气下的健康防护需求凸显，因此通过环境健康风险交流了解公众的风险认知水平、防护行为水平及其影响因素，已成为公共卫生领域实施有效的人群健康防护策略的重要前提。

6.2 环境健康风险感知的测量方法

6.2.1 测量方法

"风险感知"是心理学概念，是指个体对存在于外界各种客观风险的感受和认知，用于描述人们对客观风险的态度与直觉判断。心理测量范式是目前环境健康风险感知研究领域中最主要的测量方法。该方法主要通过涵盖多种风险表征的心理测量范式量表，引导被调查者在某一风险表征上基于自身的认知与态度，对风险进行主观评价，以评价得分结果作为人群在特征风险表征上的感知水平的量化指标（Slovic，1987）。

基于心理测量范式理论的风险感知调查量表是测量环境健康风险感知的主要工具。该量表一般包括问卷导语、风险感知题目、被调查对象人口学特征及社会经济信息等。其中，风险感知题目围绕风险表征设计，每一个风险表征作为独立的题目，询问被调查对象对各个风险表征的主观评价，以风险严重度为例，题目形式一般为"您认为该风险严重吗？"；评价打分通常采用 Likert 5 分法或 7 分法，分数取值作为评价选项，分数变化表征对风险表征不同的态度与判断，例如"1=非常不严重，2=较不严重，3=一般，4=较严重，5=非常严重"。单个题目评价分值可作为人群对该环境健康风险表征的感知水平，综合各个题目评价分值则可获得人群对该风险总体感知水平。

不同的环境健康风险感知研究的测量方法会存在一定的差异，通常各研究在遵循以上量表经典设计与结构的基础上，结合研究需求与研究人群特征对量表的风险感知题目进行适应性改进，包括对风险表征维度的选择不同、对评价分数选项的设置不同、询问方式不同等。我国相关的空气污染或极端天气事件健康风险感知研究通常采用 5 分法调查量表；而一项全球气候变化风险感知研究中，询问不同地区人群对当地气温变化的风险感知采用 3 分法，对应的选项为"1=增加，2=无变化，3=降低"。有研究考虑全面的风险表征，因此会设置多个风险感知题目，针对多个感知维度开展调查（Huang et al.，2010），而在关联风险感知与暴露水平或风险应对行为意愿的研究中，通常仅选用少量关键的感知维度开展研究。具体的测量量表设计应当依据研究需求进行个性化改进，以获得有效的调查数据。

6.2.2　测量指标

1. 风险感知维度指标

心理测量范式理论认为风险有诸多特征，人群对风险的感知水平源自对各个风险表征的主观判断与态度。因此，在测量风险感知时，每个风险表征都会对应形成一个题目，用以询问被调查者对该风险表征的感知，从而形成风险感知的各个维度指标。

环境健康风险是伴随经济社会发展出现的新型风险，与自然灾害或意外事故等风险不同，环境健康风险与人群的生活和健康更为相关，该类风险需要更多的学习才能了解，且可避免程度更高。因此，在考虑人群对新型风险信息关注特征、风险严重性特征、风险可控性特征等时，环境健康风险感知相关研究中考虑的风险感知维度包括一般对风险的关注度、了解度、严重度、可控度、可接受度等多个维度。

在已有的环境健康风险研究中通常纳入的风险感知维度指标见表6-1。

表 6-1　已有研究常用的风险感知维度

风险感知维度	一般询问形式
关注度	您认为您关注该风险吗
了解度	您认为您了解该风险吗
常见度	您认为该风险常见吗
熟悉度	您认为您对该风险熟悉吗
严重度	您认为该风险对您的健康影响严重吗
可怕度	您认为该风险可怕吗
可控度	您认为您可以通过自己努力避免该风险吗
信任度	您认为您相信地方政府可以有效控制该风险吗
可接受度	您认为您能接受该风险的存在吗

2. 人口社会经济学指标

风险感知的文化理论认为，人群风险感知的形成受到个体因素与其所处的社会、经济、文化等环境因素的影响。虽然风险本身是客观存在的，但是个体因素与环境因素的差异会导致人群风险感知水平的不同。因此，在探索健康风险感知影响因素的分析研究中，通常会纳入个体水平的人口学特征（包括性别、年龄、种族、受教育程度等）以及其所处环境的社会经济水平特征（例如家庭收入、居住地环境水平、地区经济水平、地区环境污染水平等）。研究表明，两个层次的因素都会对人群环境健康风险感知产生显著影响。常用的人口社会学经济指标如表6-2所示。

表 6-2　已有研究常用的人口社会学经济指标

指标类型	指标名	指标取值
人口学指标	年龄	连续型数值（岁）或年龄分组
	性别	二分变量（男或女）
	教育程度	连续型数值（年）或教育程度分组
	种族	分组变量
	职业	分组变量
社会经济变量	家庭收入	连续型数值（万元）或收入分组
	是否独居	二分变量
	所处地区经济水平	连续型数据或分组变量

续表

指标类型	指标名	指标取值
环境暴露水平	居住环境暴露水平	连续型数值（如空气污染暴露浓度或室外温度）或分组变量（例如热浪或非热浪）
	自报环境暴露经历	分组变量（如是否经历过热浪或雾霾）
	与污染源的距离	连续型数值（千米）或分组变量

3. 行为意愿指标

个体采取环境健康风险应对行为的意愿会受到其对该风险主观判断的影响。现有研究通常会纳入两类行为意愿指标来刻画个体对于减缓自身环境健康风险的可能行动，主要包括对降低环境健康风险行动的支付/受偿意愿，以及应对环境健康风险的各类防护行为水平。

支付意愿是指人群愿意为降低风险的行动支付一定金额的意愿，受偿意愿则是指人群愿意因风险受损而得到一定补偿金额的意愿，基于愿意支付或被补偿的概率以及支付或被补偿的金额可以衡量人群对于风险的偏好与应对意愿。

风险应对的各类防护行为水平是指人群在风险发生时为避免健康受损而做出的个人行为改变情况。在"知信行"理论中，行为被认为是衡量人群基于自身对风险的认知而表现出的风险应对反应。已有研究通常根据所关注的环境健康风险选择防护行为指标。例如，在我国空气污染感知与应对行为水平研究当中，研究者纳入了与空气污染暴露相关的四类防护行为：关注行为（关注空气污染水平预报、关于空气污染防护行为指导信息）、室外活动行为（室外活动时长、室外活动强度）、专业防护行为（佩戴口罩行为、空气净化器/新风系统使用行为）以及交通通勤行为（步行/骑车、驾驶私家车、乘坐公共交通）等，并且询问被调查对象在空气污染事件发生时以上行为的改变情况，从而获知人群是否会在风险发生时及时做出行为调整，以及其对风险防护行为水平的高低（Ban et al., 2017a）。

6.3 环境健康风险感知的分析方法

6.3.1 对风险脆弱人群的识别

由于环境健康风险感知是个体对客观环境健康风险的主观判断与认知，因此，人群对健康风险水平的主观判断与客观风险水平可能出现偏差。当个体主观的环境健康风险感知与客观风险一致时，风险感知能够很好地促进公共卫生健康风险干预措施在人群中的有效实施；而当主观风险感知与客观风险不一致时，就可能发生人群对风险的过激或消极反应，而这类人群往往是健康风险干预中最值得关注的脆弱人群。

继往研究发现，老年人往往是主观风险感知与客观风险不一致的典型人群。诸多流行病学证据表明，老年人是寒潮极端天气健康风险的易感人群，极端低温暴露更容易对其产生不良健康效应，使其面临更高的寒潮健康风险。然而来自欧洲、中国的研究均表明（Wolf et al.，2010；Ban et al.，2017b），老年人并没有意识到寒潮对自身产生的健康风险，且并未对寒潮健康风险有充分的判断，对寒潮健康风险感知不足。老年人较低的主观风险感知水平导致其在寒潮发生时主动采取防护行为的意识与意愿较低，不利于有效防范和减缓寒潮带来的健康风险，成为寒潮健康风险的"高风险-低感知"脆弱人群，也成为气候变化下极端天气事件公共卫生防护措施实施的重点目标人群。

脆弱人群的识别往往可以为风险交流提供目标人群及其需要通过风险交流解决的需求，从而能够有针对性地给予沟通与交流，以指导人群正确应对风险。因此，公共卫生领域需要开展人群环境健康风险感知调查，了解人群对风险的主观认知水平，定位不同人群的风险交流切入点，实现风险交流有效开展的目的。

6.3.2 对人群防护行为意愿的影响

人群环境健康风险感知对其采取应对环境健康风险的行为意愿存在显著影响，当人群对环境健康风险有较高的感知水平时，则可以促进人群主动采取风险应对或减缓行为，而当人群风险感知水平较低时，人群对环境健康风险的认识与判断不足，则会影响其采取健康风险应对或接受公共卫生健康风险干预行为。

以空气污染为例，我国空气污染在全国范围内频繁发生，所造成的人群健康危害已经成为我国重大的环境、医疗与公共卫生问题。虽然目前我国在大力整治城市空气污染问题，但国际经验显示空气质量的改善不可一蹴而就，未来城市人群仍将处于空气污染的暴露当中。因此，提高人群对空气污染健康风险的认知水平以及主动应对污染防护行为水平，成为人群健康防护的重要策略。我国不同地区公众对空气污染风险感知水平存在显著差异（Pu et al.，2019），而对空气污染健康影响的防护行为水平也呈现地区差异，且在对空气污染风险感知水平较高地区的人群认为空气污染健康风险可控的可能性更高。基于个体调查的研究，通过分析空气污染暴露水平、健康风险感知与风险应对行为三者间的关联发现，当前暴露水平下健康风险感知是公众主动采取各类防护行为的驱动因素，对各类型的防护行为有不同程度的促进作用，总体上公众对健康风险的高感知能够提高公众主动应对空气污染的可能性。以上研究结论有助于在当前环境形势下为制定针对性的个体防护行为指导提供依据，促进环境健康风险交流的有效开展。

6.4　研　究　案　例

6.4.1　我国北方典型城市寒潮健康风险感知研究

1. 案例概述

哈尔滨是中国北方的大城市之一。哈尔滨的冬天从 11 月开始，持续到次年 3 月，平均气温处于–30～–15℃，极端寒冷天气对人群健康有负面影响。人群对极端天气事件健康风险的充分认知和防护可减少其所带来的健康危害，个人缺乏风险意识可能导致其未能采取保护措施从而增加极端低温（冷效应）相关的不良健康影响。然而，易受寒潮伤害的老年人没有意识到他们易受极端寒冷天气的影响，这表明实际风险和主观感知风险之间可能存在差异。

本节是在哈尔滨当地居民中进行了一次面对面的问卷调查，调查公众对极端寒冷天气及相关健康风险的看法，从而发现实际客观风险和主观感知风险之间的差异，确定寒潮健康风险的脆弱人群，为人群健康防护策略制定提供目标。

2. 研究方法

1）案例数据

本节获取了 2012 年 12 月～2013 年 2 月冬季在哈尔滨两个城区的受访者调查问卷 891 份，问卷调查内容包括哈尔滨寒潮的背景资料及其健康风险感知因素，以及个人人口学特征等信息。其中感知因素包括了解度、即时度、严重度、受益度、可接受度五个维度。

2）分析方法

本节通过计算每个感知因素的个人得分来测量个人对当地寒潮健康风险的感知。综合这些因素的得分，对样本和风险感知得分进行描述性统计分析，获取当地公众对寒潮健康风险的感知水平；同时针对不同年龄组对寒潮健康风险可接受度得分做差异检验，探索分析不同年龄组感知水平的差异。

3. 案例结果

1）研究地区人群对极端寒冷事件及其健康风险的感知水平较低

表 6-3 研究结果发现 80%以上的居民对极端寒冷的认知水平较低。大约 40% 的居民认为，寒冷天气对健康的影响会立即发生，感觉寒冷天气事件严重。超过 60%的居民认为寒冷的健康影响非常严重；70%的人否认从极度寒冷中获益。超

过 40% 的居民认为极端寒冷的天气及其相关的健康风险是无法控制的。共有 40% 的居民对感知风险接受程度的得分低于 3 分，这表明感知风险接受程度较低。

表 6-3　寒潮健康风险感知得分描述性分析结果

项目	样本数/人	平均值	标准差	1~5分比例				
				1	2	3	4	5
了解度	891	2.49	0.92	0.17	0.29	0.44	0.09	0.01
熟悉度	891	2.93	1.08	0.06	0.34	0.30	0.21	0.09
即时度	891	3.32	1.17	0.06	0.19	0.31	0.26	0.18
寒潮严重度	891	2.42	0.93	0.14	0.46	0.28	0.10	0.02
寒潮健康影响严重度	891	2.59	0.93	0.11	0.36	0.38	0.12	0.03
收益度	891	1.99	0.98	0.39	0.29	0.25	0.06	0.01
可控度	891	2.75	1.08	0.15	0.23	0.42	0.14	0.06
可接受度	891	2.77	1.06	0.12	0.33	0.22	0.32	0.01

被调查者对风险接受的总体感知处于中等水平（根据风险接受感知的平均得分为 2.77），这表明居民可能对当前的极端寒冷天气及其相关健康风险具有耐受性，这种中性的可接受水平可能是由于居民已经习惯寒冷天气以及认为此天气是很平常的。

大多数研究对象认为寒冷天气对他们的健康有害，而且相关的健康风险难以避免，这表明，出现寒冷天气时他们愿意采取行动保护自己，但不确定具体应当如何采取防护以降低不利风险。因此，需要公共卫生机构在极端寒冷天气发生时，面向公众进行针对性的风险沟通和健康保护指导；由于不同的认知得分反映了不同居民的不同态度，有必要做好全面的风险交流准备并开展针对性的健康干预，以有效帮助公众应对极端寒冷。

2）老年人群为"低感知-高风险"的脆弱人群

在 18~29 岁、30~39 岁和 40~49 岁年龄组中，超过 35% 的受访者认为极冷及其相关健康风险的接受程度较低，而在 50~59 岁和 60 岁以上年龄组中，这一比例降低。更大比例的高接受水平表明，老年受访者更可能接受当地极端寒冷（图 6-1）。特别是，在 50~59 岁和 60 岁以上年龄组中，超过 35% 的老年受访者表示，他们对冷效应相关风险的接受程度较高，认为他们对极端寒冷不太敏感，也没有受到寒冷的影响。而流行病学证据表明，高年龄组是极端温度变化的高风险人群。

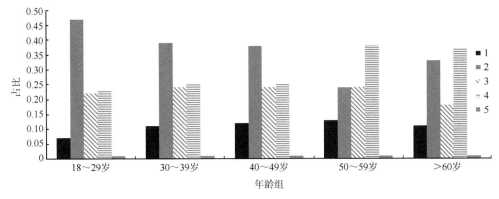

图 6-1　不同年龄组对寒潮健康风险接受度的比较结果

老年人群组对冷效应相关健康风险的判断与可能遭受的客观健康风险呈现明显的不一致，说明他们可能低估了极端寒冷天气对自身健康的负面影响。这种现象可能是由缺乏知识或对寒冷天气的高适应性导致的。因此，可以识别高年龄组的人群是"低感知–高风险"的脆弱人群，是健康教育优先关注的人群。

由于老年人被确定为脆弱群体，因此需要进行风险沟通和健康干预来保护他们。一方面，风险沟通策略应以老年人为重点，提高老年人对冷效应相关健康风险的认识，增强老年人在日常生活中采取自我保护行动的意愿，积极开展风险教育，包括对老年人在极冷天气下进行健康保护的风险相关知识和常识。另一方面，健康干预应以老年人为重点，为他们在社区提供方便的医疗服务。这些策略可能会增加他们的风险认知，并鼓励有效的风险应对反应，以减少极端寒冷对老年人群健康的潜在风险。与"低感知–高风险"人群相反的"低风险–高感知"群体，他们可能对与冷效应相关的健康风险反应过度。就风险沟通而言，该组的策略将不同于"低感知–高风险"组的策略。

综上所述，主观风险感知可以在客观风险评估和主观风险理解之间建立联系。我们的研究有助于从客观和主观两个角度对脆弱群体进行识别，这可能会扩展脆弱群体识别的标准，并为不同的风险沟通策略带来新的见解。

4. 案例总结

本案例通过调查问卷获取了哈尔滨地区人群对极端寒冷天气健康风险的感知，通过计算感知维度得分测量个人对当地冷效应相关健康风险的感知水平，同时通过亚组分析发现了老年人是"低感知–高风险"脆弱人群。研究结果发现研究地区人群对极端寒冷事件及其健康风险的感知水平较低，同时需要较全面的健康防护意识提升与具体防护行为指导。本案例通过将风险感知引入公共卫生领域，应用主观感知风险与客观健康风险结合比对的方法，可以识别出健康需求更大的风险脆弱群体，从而有助于提高公共卫生干预策略的决策水平。

6.4.2 我国典型污染城市人群空气污染健康风险感知与防护行为关联研究

1. 案例概述

中国是全球空气污染水平最高的国家之一，空气污染成为中国人群疾病负担排名第四位的重要危险因素，其所导致的人群健康影响成为公共卫生面临的重要挑战。虽然近年来中国实施了一系列严格的空气污染管控措施，并且取得一定的空气质量改善，但是空气污染治理是一个长期过程，单依靠空气质量改善来避免人群健康风险尚不能快速实现。而公众自行采取健康防护措施是有效降低空气污染健康危害的关键环节，在等待控制措施生效以改善环境空气质量的过程中，提高个体防护行为水平应成为公共卫生健康干预的重要目标。

本案例的研究地区南京市是江苏省省会城市，人口 800 多万人，是长三角地区经济高度发达、人口稠密的典型城市之一。由于工业和交通源的密集排放，以及频繁发生的不利扩散气象条件，2013 年南京市 $PM_{2.5}$ 浓度高于国家空气质量标准（75μg/m³）的时间为 163 天。在这样的污染形势下，公众改变个人行为以应对空气污染有助于减少个人暴露和保护自身健康。目前，已有一些关于空气污染的健康防护指导，但是这些指导的内容含糊不清，过于笼统，大多提示公众减少户外活动以减少暴露等单一内容；此外，这些行为指导还十分缺乏对于公众如何助力空气污染治理的行为指南。综上，公众对空气污染防护行为的干预指导现状薄弱。制定有效的防护行为干预与指导需要先了解目前我国公众对空气污染应对行为现状水平以及重要需求，据此才能够有针对性地制定有效的干预指导。

本案例以典型污染城市南京市为例，对当地公众开展面对面的问卷调查，测量公众对空气污染健康风险感知水平及其对空气污染健康风险的防护行为水平，从而了解当地人群的防护行为现状及其影响因素，为公共卫生提高人群风险防护水平的策略制定提供依据。

2. 研究方法

1）案例数据

本案例于 2013 年 12 月～2014 年 1 月在南京市开展随机抽样调查，获得有效问卷 1141 份。问卷调查内容包括个人对雾霾健康风险的感知、雾霾发生时个体行为的调整变化、调查对象的人口学特征和个人自我报告的空气污染受损经历、调查当天的健康状况等变量。

其中，风险感知包括对雾霾风险的了解度、熟悉度、关注度、可控度、严重度、可接受度等维度的调查。个体行为的变化包括雾霾发生时与平日相比，关注行为（关注空气污染水平预报、关注空气污染防护行为指导信息）、室外活动行为（室外活动时长、室外活动强度）、专业防护行为（佩戴口罩行为、空气净化器/新风系统使用行为）以及交通通勤行为（步行/骑车、驾驶私家车、乘坐公共交通）的变化。

2）分析方法

第一，本案例通过描述性统计分析对研究地区人群对雾霾及其健康风险感知水平、应对行为水平进行统计，获得人群对风险感知与应对水平现状。

第二，本案例构建有序逻辑回归分析模型，探索分析人口学特征指标、风险感知、雾霾经历及健康状况等变量对个体应对雾霾行为变化的影响。对每一类雾霾应对行为都建立相同模型。

第三，在此基础上，本节采用二元逻辑回归模型，探讨雾霾事件中个体采取专业防护行为的驱动因素，在此模型中，戴口罩或使用空气净化器行为被定义为二分变量，具体为"1=有此行为""0=无此行为"。采用比值比描述各因素对专业防护行为从"0"到"1"变化的影响程度。

3. 案例结果

1）南京居民对于空气污染及健康影响的认知水平较高

描述性统计分析结果显示，调查对象普遍认为自己对雾霾有较高的了解度与熟悉度，并且对雾霾健康风险有较高的关注度。本案例表明，近年来伴随雾霾事件多发且大众多元化媒体宣传的增加，城市公众可能对空气污染有较强的基础认知。

2）在雾霾发生期间，各类空气污染应对行为变化水平存在差异

与平日行为相比，雾霾发生时，关注行为得到显著增加。77.3%的受访者增加雾霾污染期间天气预报的关注行为，83.5%的受访者提高雾霾污染健康保护指南关注度。室外活动行为显著减少，大多数人减少了室外活动的时间（85.2%）和强度（85.8%）。85.9%的人在室内时减少了通风（如关上窗户），且76.4%受访者增加了防颗粒物污染（anti-PM$_{2.5}$）口罩的使用，以在雾霾事件期间的户外活动中降低环境污染暴露（表6-4）。然而，与以上行为不同的是，84.8%（962名受访者）表示，他们从未在家中使用过空气净化器。此外，52.5%的受访者没有改变自己的私家车使用习惯，更有30.6%的受访者在雾霾期间比平时更有可能增加驾驶私家车的行为。综上，以上结果表明研究人群能够正确采取基本的防护行为以避免污染暴露，但是对于专业的防护行为，尤其是空气净化器的使用行为十分缺乏。

表 6-4 雾霾发生时与平日相比各类行为变化情况

行为类型	具体行为	从来无此类行为人数/人	有此类行为人数/人	行为状态/%		
				增加	保持不变	减少
关注行为	关注天气预报	38	1099	77.3	22.6	0.1
	关注空气污染的成因	46	1089	83.9	16.1	0
	关注健康保护指南	40	1095	84.5	15.4	0.1
每天常规行为	改变室外活动的时间	71	1069	0.6	14.2	85.2
	改变室外活动的强度	102	1038	0.4	13.8	85.8
	改变房间通风情况	134	1007	3.8	10.3	85.9
专业防护行为	使用防霾口罩	308	829	76.4	22.7	0.9
	使用空气净化器	962	173	61.3	36.4	2.3
交通行为	驾驶私家汽车	225	891	30.7	52.5	16.8

　　雾霾频发引起了人群对空气污染及其健康风险水平的高度关注，因而个人健康防护意识的增加将进一步提高对正确的、有针对性的和详细的公共卫生防护行为指导的需求。本案例结果表明，在污染事件期间，关注行为会显著增加，建议政府通过传播有关污染暴露潜在影响的信息来加强关注行为，这将有利于提高公众对雾霾污染的认识，包括可能的接触途径、对已有疾病的个人和其他脆弱群体的风险防范。根据并非所有居民都能有效应对雾霾暴露的结果，我们建议公共卫生机构提供详细的行动指南，包括关于如何减少室外和室内暴露的建议，以及针对易感人群如何开展防护等。通过将这两种干预措施结合起来，有效指导更多的公众正确地调整行为模式，从而实现个体健康防护。

　　3）雾霾健康防护行为变化受到多种因素影响

　　公众关于雾霾健康防护行为的变化受到风险感知、个体社会经济因素以及暴露经历的影响。表 6-5 提示，在感知关注度较高的个体中，关注行为增加的可能性显著增加。收入水平较高的受访者（$R=0.448$，统计学显著性检验 $P=0.01$）和女性（$R=0.434$，$P=0.02$）受访者对健康保护指南的关注度增加概率较高。有既往暴露经历且因此健康受损的人群更有可能减少户外活动的持续时间（$R=-0.446$，$P=0.026$）和强度（$R=-0.789$，$P<0.001$）并减少室内通风（$R=-0.682$，$P=0.002$），同时更有可能增加使用抗雾霾口罩（$R=0.193$，$P=0.020$）和空气净化器（$R=0.939$，$P=0.014$）。在雾霾发生期间，年轻组人群比年老组人群更有可能增加他们的汽车使用量，尤其是 16~34 岁年龄组（$R=0.622$，$P=0.024$）和 35~44 岁年龄组（$R=0.850$，$P=0.004$）等中青年人群。

表6-5 不同健康防护行为意愿的影响因素分析结果

项目	关注行为			每日常规行为			专业防护行为		交通方式
	天气预报	空气污染发生原因	健康保护指南	室外活动时间	室外活动强度	通风	使用空气净化器	使用防霾口罩	汽车
感知关注度	0.364**	0.241*	0.173	-0.014	-0.193	0.067	0.052	0.012	0.051
感知了解度	0.299*	0.546**	0.153	0.129	0.173	-0.122	-0.044	-0.125	-0.005
感知熟悉度	-0.057	-0.025	0.030	-0.083	0.020	-0.264	-0.134	-0.136	-0.166
感知担心度	0.272*	0.181	0.193	0.038	0.139	-0.118	0.063	0.282*	-0.208*
感知空气污染严重程度	-0.062	0.276	0.059	0.049	-0.108	-0.034	-0.103	0.019	0.069
感知健康影响严重程度	0.198*	0.023	0.098	-0.262*	-0.282*	0.013	0.552	0.063	0.168
感知可控度	-0.114	-0.079	-0.190	0.105	0.215*	0.180	0.332*	0.107	-0.060
感知空气污染接受程度	-0.109	-0.128	-0.248*	0.502**	0.442**	0.447**	0.300	-0.372**	-0.292*
感知对健康影响接受程度	-0.201	-0.396**	-0.089	-0.162	-0.128	0.076	-0.132	0.208	0.211
性别_1（女性）	0.073	0.039	0.434*	-0.074	-0.398*	-0.250	0.193	0.303	-0.044
年龄_1（16~34岁）	-0.478	-0.729	-0.466	-0.214	-0.014	0.451	-1.519	1.083*	0.622*
年龄_2（35~44岁）	-0.336	-0.669	-0.319	0.053	0.070	-0.275	-0.797	0.471	0.850**
年龄_3（45~59岁）	-0.104	-0.714	-0.537	0.007	0.097	0.201	-1.440	0.384	0.617*
教育	0.104	0.053	0.094	-0.102	-0.151	-0.057	0.143	0.055	-0.043
收入	0.331*	0.392**	0.448**	-0.112	-0.184	0.049	-0.038	0.083	0.117
健康状况	-0.021	0.035	0.092	-0.250	-0.177	-0.168	0.128	0.296**	0.225**
自报雾霾体验_1	0.417	0.233	0.030	-0.446*	-0.798**	-0.682**	0.936*	0.193*	0.227

*$P<0.05$；**$P<0.01$。

空气净化器已被证明是减少室内暴露的有效方法，并带来可观的健康效益。家用空气净化器安装和操作简单，且价格可选范围大，普通家庭可负担。然而，根据我们的调查结果，大多数被调查的居民从来不使用家用空气净化器。本案例研究结果显示，收入并非空气净化器的影响因素，那么公众不充分了解空气净化器的有效性或忽视控制室内空气污染的必要性也可能导致空气净化器使用率低。由于室外环境污染物可以进入室内区域，而且中国城市居民平均80%以上的时间在室内，在缺乏有效的室内空气质量控制的情况下，可能会有相当多的室内暴露发生。因此，提高个人对室内空气污染的认识至关重要，建议个人采取更有效的室内保护行为。据此，本案例提出了公共卫生健康干预过程中，应当制定全面而详细的空气污染防护行为指导，需要包括室内外的防护行为指导，以引导公众更有效地实施日常自我防护。

另外一个值得探讨的问题是，本案例发现没有显著的单因素可以影响私家车使用行为的变化，中青年人群在雾霾发生时更可能增加他们的汽车使用量。而个人在污染事件期间增加汽车使用可能会使空气污染水平进一步恶化，这就提示了在应对空气污染和缓解空气污染排放之间存在的冲突。那么，污染减排和公共卫生策略应当提高公众对此问题的认知，并鼓励公众减少汽车使用和增加低碳公共交通，从而科学、合理地应对空气污染。

4. 案例总结

本案例通过在南京市开展调查问卷，了解典型城市中公众对雾霾污染健康风险的感知水平与应对行为水平，并通过有序逻辑回归模型分析得到影响公众采取防护行为的驱动因素。案例结果发现研究地区公众对于空气污染及健康影响的认知水平较高，大多数人能够通过增加关注行为、减少户外活动等方式应对空气污染健康风险，而对于专业的健康防护行为，如空气净化器的使用，行为意愿较缺乏。空气污染健康防护行为意愿受多种因素的影响。本节提出了目前我国空气污染防护行为指导存在的不足，为面向公众制定有效的健康防护行为指导提供了重要的切入点。

参 考 文 献

范华斌. 2014. 环境健康风险的公众感知：以 A 汽车有限公司带来风险的感知为例. 北京：经济科学出版社.

黄蕾，毕军，杨洁，等. 2009. 连云港公众对核电和火电风险感知的比较分析. 安全与环境学报，9（4）：171-175.

"健康中国 2020"战略研究报告编委会. 2012. "健康中国 2020"战略研究报告. 北京：人民卫生出版社.

赵曙光，李玭，倪燕. 2010. 中国健康传播研究（2009—2010）：从媒体舆论到医患沟通. 长春：吉林大学出版社.

钟凯，韩蓄璠，姚魁，等. 2012. 中国食品安全风险交流的现状、问题、挑战与对策. 中国食品卫生杂志，24（6）：578-586.

Ban J，Lan L，Yang C，et al. 2017a. Public perception of extreme cold weather-related health risk in a Cold Area of Northeast China. Disaster Medicine and Public Health Preparedness，11（4）：1-5.

Ban J，Zhou L，Zhang Y，et al. 2017b. The health policy implications of individual adaptive behavior responses to smog pollution in urban China. Environment International，106：144-152.

Ding Y，Du X，Li Q，et al. 2020. Risk perception of coronavirus disease 2019（COVID-19）and its related factors among college students in China during quarantine. PLoS One，15（8）：e0237626.

Huang L，Duan B，Bi J，et al. 2010. Analysis of determining factors of the public's risk acceptance level in China. Human and Ecological Risk Assessment：An International Journal，16（2）：365-379.

Huang J，Liu F，Teng Z，et al. 2020. Public behavior change，perceptions，depression，and anxiety in relation to the COVID-19 outbreak. Open Forum Infectious Diseases，7（8）：1-8.

Huang L，Zhou Y，Han Y，et al. 2013. The effect of the Fukushima Nuclear Accident on the risk perception of residents near a nuclear power plant in China. Proceedings of the National Academy of Sciences of the United States of America，110（49）：19742-19747.

Luo Y，Yao L，Zhou L，et al. 2020. Factors influencing health behaviours during the COVID-19 outbreak in China：An extended IMB model. Public Health，185：298-305.

National Research Council. 1989. Improving Risk Communication. Washington DC：National Academy Press.

Pu S，Shao Z，Fang M，et al. 2019. Spatial distribution of the public's risk perception for air pollution：A nationwide study in China. Science of the Total Environment，655：454-462.

Qian D，Li Q. 2020. The relationship between risk event involvement and risk perception during the COVID-19 outbreak in China. Applied Psychology：Health and Well-Being，12（4）：983-999.

Sellnow T L，Ulmer R R，Seeger M W，et al. 2009. Effective Risk Communication：A Message-Centered Approach. New York：Springer-Verlag New York LLC.

Slovic P. 1987. Perception of risk. Science，236（4799）：280-285.

Sun Y，Li Y，Bao Y，et al. 2020a. Brief report：Increased addictive internet and substance use behavior during the COVID-19 Pandemic in China. The American Journal on Addictions，29（4）：268-270.

Sun Z，Yang B，Zhang R，et al. 2020b. Influencing factors of understanding COVID-19 risks and coping behaviors among the elderly population. International Journal of Environmental Research and Public Health，17（16）：5889.

Wang C，Pan R，Wan X，et al. 2020. Immediate psychological responses and associated factors during the initial stage of the 2019 coronavirus disease（COVID-19）epidemic among the general population in China. International Journal of Environmental Research and Public Health，17（5）：1729.

Wolf J，Adger W N，Lorenzoni I. 2010. Heat waves and cold spells：An analysis of policy response and perceptions of vulnerable populations in the UK. Environment and Planning A，42（11）：2721-2734.

Yang Z，Xin Z. 2020. Heterogeneous risk perception amid the outbreak of COVID-19 in China：Implications for economic confidence. Applied Psychology：Health and Well-Being，12（4）：1000-1018.

第7章 展　望

　　本书在综述国内外环境健康风险研究进展的基础上，梳理和介绍了作者团队十年来在环境健康风险研究领域的成果与实践经验。围绕环境健康风险领域的前沿科学问题与应用需求，作者团队着眼于环境健康风险全链条开展系统性科学研究，在各关键环节发展了新理念和新技术，建立了中国环境健康综合监测系统，整合了全国多中心大规模环境与健康监测数据资源；推动了环境健康风险评估技术的本地化应用，编制并发布《化学物质环境健康风险评估技术指南》（WS/T 777—2021），有效促进了我国环境健康风险评估工作的开展；创立了环境健康风险预测整合模型技术，构建了本地化情景和本土化参数，开发了适合我国的、可精细化至区县尺度的环境健康风险评估与预测技术；自主研发了环境健康风险预警技术，在中国 27 个城市实现了公众健康服务应用；探索构建了面向公众的环境健康风险交流研究方法，初步形成了对我国居民环境健康风险感知水平的认识。这一系列研究成果为环境健康研究领域提供了新技术、新证据、新思路，并实现了适合我国的公共卫生实践应用，推动了学科发展。

　　党的十八大以来，我国政府高度重视环境健康问题，采取了一系列措施积极应对环境健康问题，取得了较好的成效，生态环境质量逐步改善，人民健康水平大幅提高。然而，环境健康问题形势依然严峻，在全球气候变化背景下，极端天气事件与大气污染等叠加造成的复合环境事件频发，新型污染物（如微塑料、纳米材料、抗生素、消毒副产物等）与传统环境污染物的叠加暴露逐渐显现，由此引发的健康影响尚不清晰，为环境健康风险研究带来了新的挑战。在此形势下，我国政府对环境健康问题的重视提到了新的高度。明确"美丽中国"目标，强调"把生态文明建设放在突出地位"；实施"健康中国"战略，"要完善国民健康政策，为人民群众提供全方位、全周期健康服务"，并把"建设健康环境"作为五大重点任务之一。特别是在当今积极推进碳达峰、碳中和目标实现的背景下，对环境健康风险研究支撑环境污染控制政策和人群健康风险防控政策的制定提出了更高的要求。未来环境健康风险研究应面向国家重大需求、面向人民生命健康，重点推动以下四个方面的研究。

　　（1）基于全链条研究拓展对环境健康风险的认识。

　　在环境健康风险研究全链条的基础上，拓展环境健康风险研究的深度与广度。一方面，拓展环境健康风险研究全链条各环节的理论范畴，逐步建立从宏观趋势至微观机制的系统理论框架，从历史回顾到未来预测，引领系统性研究的开展。另一方面，随着全健康概念的发展，深化环境健康风险研究在构建"人类卫生健康共同体"中的角色，在全球环境治理、临床医疗、卫生经济、人口社会发展等领域发挥健康预防导向的积极作用，促进对新的环境健康科学问题的探索。

（2）聚焦新形势下新污染物与复合暴露引发的环境健康风险问题。

在已有环境危险因素研究的基础上，着眼于新发展阶段产生的新污染物及复合暴露的健康风险问题。一方面，基于精准检测技术的进步和健康影响证据的新发现，未来应持续发展环境新污染物（包括持久性有机污染物、内分泌干扰物、抗生素等新污染物）的暴露和健康风险研究，探明各类新污染物对不同类型健康结局的效应特征及演变趋势。另一方面，针对真实世界中多种风险因素的复合作用，深入开展多种环境健康风险复合影响的研究，如气候变化下空气污染与极端天气复合健康风险研究，多环境因素交互和多种污染物质复合暴露的健康风险研究，以及传统环境因素与新污染物、突发传染病等复合的健康效应研究等。

（3）构建多学科交叉融合的环境健康风险精准化研究范式。

相关学科技术的不断发展助力了环境健康风险的精准量化，也提供了融合更多学科技术解决复杂的环境健康风险问题的条件。通过环境科学、大气科学、环境流行病学、环境毒理学、地理信息科学、遥感科学等多学科融合，以及组学技术、大数据、机器学习、地理空间信息技术、大气化学模式等多领域技术的联用，逐步提升环境健康风险研究各环节，如环境暴露评估、健康效应测量、健康风险干预、健康风险量化等的精准化程度，进而构建形成融通多学科技术的环境健康风险精准化研究新范式。

（4）探索环境健康风险研究的智慧化和集成化转化应用。

"互联网+"技术的普及为环境健康风险评估、预警、干预治理模式的智慧化和集成化带来了新的机遇。通过构建环境与健康大数据的采集系统，实现群体、个体层面暴露数据和健康数据的实时智慧采集；通过云平台集成数据治理规则，进行实时的大数据融合与挖掘，以实现标准数据的实时更新与环境健康风险的动态解析，进而为科研和决策提供相关数据。应用集成技术，串联数据采集与治理、风险评估与预警关键技术环节，建立从暴露到干预的全链条信息交互与分析流程，实现环境健康风险和预警信息动态可视化，有力支撑环境健康风险防控一体化业务应用和科学化决策。

附　录　缩　略　词

缩写	英文全称	中文名称
ADD	average daily dose	日均暴露量
AHBI	adjusted health based index	修正健康指数
AHC	adjusted human capital	调整人力资本法
ALRI	acute lower respiratory infection	急性下呼吸道感染
API	air pollution index	空气污染指数
AQHI	air quality health index	空气质量健康指数
AQI	air quality index	空气质量指数
ARI	aggregate risk index	整合风险指数
AT	average time	平均时间
ATSDR	Agency for Toxic Substances and Disease Registry	美国毒物和疾病登记署
BMD	benchmark dose	基准剂量
BMDL	benchmark dose lower confidence	基准剂量下限
BMI	body mass index	身体质量指数
CALEPA	California Environmental Protection Agency	加利福尼亚州环保局
CDC	Centers for Disease Control and Prevention	疾病预防控制中心
CEPHT	Chinese Environmental Public Health Tracking	中国环境健康综合监测系统
CLHLS	Chinese Longitudinal Healthy Longerity Survey	中国老年健康影响因素跟踪调查
CMAQ	community multi-scale air quality model version	区域空气质量模型
COI	cost of ill	疾病花费法
COPD	chronic obstructive pulmonary disease	慢性阻塞性肺疾病
CRPF	cumulative relative potency factors	累积相对毒效因子
CVD	Cardiovascular disease	心血管疾病
DALY	disability adjusted life year	伤残调整寿命年
DAPPS	Development of the Dynamic Air Pollution Prediction System	动态空气污染预报系统计划
DSPs	Death Surveillance Point System	死因监测系统
ED	exposure duration	暴露周期
EEC	European Economic Community	欧洲经济共同体
EFSA	Parma European Food Safety Authority	帕尔马欧洲食品安全局
ET	exposure time	暴露时间

缩写	英文全称	中文名称
EPA	Environmental Protection Agency	环境保护局
FQPA	Food Quality Protection Act of 1996	美国环境保护局食品安全保护行动
GBD	global burden of disease	全球疾病负担
GCMs	general circulation models	全球气候模式
GEMM	global exposure mortality model	全球暴露死亡模型
HAQI	health-risk based air quality indices	基于健康的空气质量指数
HEAST	health effects assessment summary tables	健康影响评估汇总表
HQ	hazard quotient	危害商
HR	hazard ratio	危险比
ICD	international classification of diseases	疾病分类标准编码
ICED	index chemical equivalent dose	化学等效剂量指数
ICRP	International Commission on Radiological Protection	国际辐射防护委员会
IERs	integrated exposure-response	综合暴露–反应关系
IEUBK	integrated exposure uptake biokinetic	整体暴露吸收生物动力学模型
IHD	ischemic heart disease	缺血性心脏病
IPCC	Intergovernmental Panel on Climate Change	政府间气候变化专门委员会
IR	ingestion rate(for water and food)/inhalation rate(for air)	摄入率/呼吸速率
IARC	International Agency for Research on Cancer	国际癌症研究机构
IRIS	integrated risk information system	综合风险信息系统
IUR	inhalation unit risk	吸入单位风险
LADD	lifetime average daily dose	终生日均暴露量
LOAEL	lowest observed adverse effect level	观察到有害作用的最低剂量水平
MCA	Monte Carlo Approach	蒙特卡罗法
MENTOR-4M	modeling environment for total risk studies-multiple co-occurring contaminants and multimedia, multipathway, multiroute exposures	多污染物多介质多暴露途径总环境风险评估模型
MF	modifying factor	修正因子
MLE	maximum likelihood estimate	最大似然比
MOE	margin of exposure	暴露边界
MRLs List	List of Minimal Risk Levels for Hazardous Substances	有害物质最低风险水平清单
NCEA	National Center for Environmental Assessment	美国环境保护局国家环境评估中心
NEPHT	National Environmental Public Health Tracking	美国国家环境健康追踪项目
NIH	USA National Institutes of Health	美国国立卫生研究院
NOAEL	no observed adverse effect level	未观察到有害作用的剂量水平
ORD	Office of Research and Development	美国环境保护局研究与发展办公室
PPRTVs	provisional peer reviewed toxicity values	暂行同行评议毒性值

缩写	英文全称	中文名称
R_fC	reference concentration	参考浓度
R_fD	reference dose	参考剂量
RIF	rapid inquiry facility	快速查询技术
Risk	carcinogenic risk	致癌风险
RPF	relative potency factors	相对毒效因子
RR	relative risk	相对风险
SF	slope factor	斜率因子
SHEDS	stochastic human exposure and dose simulator	人群暴露剂量随机模拟模型
SSPs	shared socioeconomic pathways	共享社会经济路径
TEF	toxic equivalence factor	毒性当量因子
TEQ	toxic equivalence	毒性当量
UFs	uncertainty factors	不确定因子
VOSL	values of a statistical life	统计生命价值
WHO	World Health Organization	世界卫生组织
WTP	willing to pay	支付意愿法
YLD	years lived with disability	健康寿命损失年（或伤残损失健康生命年）
YLL	years of life lost	因早死所致的寿命损失年